진공 기술 해석

Vacuum Technology Analysis

진공 기술 해석

Vacuum Technology Analysis

이제형 저

MFC
GLOW DISCHARGE
FLUSH DESORPTION
FLOW RATE
THERMAL CONDUCTIVITY
TECHNOLOGY
ROR
PERMEATION
OLED
VACUUM
PUMP
OUTGASSING
DISPLAY
MAGNETRON SPUTTERING
ELECTRON BEAM EVAPORATION
STP
BOYLE
PLASMA ENHANCED CHEMICAL VAPOR DEPOSITION
DIFFUSION
CONDUCTANCE
KNUDSEN NUMBER
IMPINGEMENT RATE
ARRIVAL RATE
THERMAL EVAPORATION
ADSORPTION
ROUGHING PUMPING
Vacuum
DESORPTION

Hg pressure equal
to air pressure

Atmospheric
pressure

760 mm

Mercury (Hg)

씨
아이
알

머리말

　　진공 기술은 우리나라 반도체, 디스플레이(Display) 산업의 근간이 되는 기반 기술이다. 내가 회사에 입사하면서 이렇게 중요한 진공 기술을 접하게 된 것은 큰 행운이 아닐 수 없다. 나는 여러 가지 프로젝트를 수행하면서 Plasma Enhanced Chemical Vapor Deposition, Magnetron Sputtering, Electron Beam Evaporation, Thermal Evaporation 그리고 Dry Etching 기술을 배울 수 있었다. 이들 기술은 Thin Film Process로서 많이 알려져 있는 기술들이다. 이 외에도 산업용으로 사용되는 Optical Thin Film 및 Hard 코팅 기술도 만날 수 있었는데 이런 기술들 역시 진공 산업에서는 중요한 기술의 한 축을 차지하고 있다고 할 수 있다. 나는 여러 가지 기술을 접하면서 진공 기술 및 박막 기술에 대한 이해를 넓힐 수 있었으며, 본 기술서를 집필할 수 있는 바탕을 쌓을 수 있게 되었다.

　　진공 기술 분야는 산업적으로 중요한 데 비해 이 분야에 종사하는 엔지니어들은 이론적인 바탕보다는 경험과 추론으로 문제를 해결하는 경우가 많았고, 생각보다는 진공 기술에 대한 이해도가 낮았다. 그래서 진공 기술을 한번은 정리해야 겠다는 생각을 갖고, 마침 OLED 라인 개발을 진행하면서 체계적으로 정리할 수 있는 기회가 생겼다. 그동안 쌓은 경험과 데이터를 이론적으로 분석하고, 해석함으로써 좀 더 실질적인 진공 기술에 대한 기술서가 될 수 있도록 정리한 것이 이 기술서이다.

본 서는 진공의 정의와 함께 진공 기술을 이해하는 데 필요한 이론적 기술을 제시하였고, 진공 장비 및 공정에서 접하는 각종 진공 데이터에 대한 진공 해석을 기술하였다. 마지막으로 진공을 만들기 위한 진공 펌프와 진공을 측정하는 진공 게이지에 대해서 꼭 필요한 몇 가지를 소개하였다. 본 서를 정리하면서 진공 분야의 여러 서적을 참조하여 쉽게 기술하려고 노력하였으나, 독자들의 눈높이에 맞을지는 모르겠다. 많이 부족한 부분이 있겠지만 넓은 아량으로 지도 편달을 바란다.

2021년 4월

이제형

추천의 글

　진공 기술이 산업뿐 아니라 가정, 의료까지 널리 쓰이고 있는 것은 우리가 사는 우주 그 자체가 진공이기 때문에 더 자연스러운 일인지도 모릅니다. 대학에서 진공공학을 30년 가까이 강의해오면서 시중에 실무형 저서들이 좀 더 있었으면 하는 마음이 있었는데, 이번에 LG전자에서 오랫동안 진공 관련 장비의 설계, 제작, 운용을 경험한 이제형 책임께서 바쁜 회사 업무 틈틈이 시간을 쪼개어 《진공 기술 해석》을 집필한 것을 보고 감사와 함께 축하를 드립니다.

　수년 전 외국 저서인 《Handbook of Vacuum Technology》를 한국진공학회 진공분과 회원들이 모여서 번역작업을 했습니다. 탄탄한 이론적 배경부터 시작해서 응용까지 망라하다보니 1,000페이지에 가까운 분량이 되고 가격도 높아서 필드에서 진공을 시작하는 분들이나 타 전공 분야의 엔지니어들이 진공 시스템을 다루는 업무를 맡게 되면서 열어보기에는 진입 장벽이 좀 높았습니다. 이름 그대로 핸드북의 성격이 강했습니다. 또 현장 경험은 쉽게 책으로 풀어쓰기가 어려운 점이 있습니다. 서양학문의 바탕이 다양한 현상을 간결한 수식 하나로 녹여내는 것이다 보니 라이프니츠가 기초를 닦은 미분방정식의 힘을 빌리지 않을 수 없는데 진공 공부의 두 번째 장애물로 작용하고 있습니다.

20여 년간 우리나라 디스플레이 기술의 역사와 함께 CRT ARAS, PDP MgO, LCD, OLED의 굵직한 프로젝트를 이끈 저자의 경험에서 우러난 주옥같은 내용은 독자 여러분의 진공에 대한 갈증을 풀어드릴 것입니다. 다시 한번 초판 발행을 축하드리며 앞으로 더 많은 내용을 담아서 2판, 3판이 나오기를 기대합니다.

군산대학교 공과대학 교수, 한국진공학회 부회장

주정훈

차 례

1

진공이란

1 진공이란

:: 진공의 정의

진공Vacuum이란 말은 원래 라틴어의 'vacua'에서 유래하였다. 이는 '비어

있다'라는 의미이다. 즉 진공이란 기체(물질)가 없는 공간의 상태를 의미한

다. 하지만 이상적인 진공 상태인 물질이 완전히 없는 상태를 인위적으로 만

드는 것은 불가능하며, 절대적인 진공 상태라도 약간의 물질이 존재하게 된

다. 진공에 대한 정의는 진공 기술에 대해 국제적인 규격을 제시하는 국제표

준화기구ISO와 미국진공학회AVS에서 "진공이란 대기압보다 낮은 상태의 압력

을 의미하거나 분자밀도가 2.5×10^{19} 분자/cm^3보다 적은 경우를 의미한다"라

고 정의하였다. 우리가 알고 있는 1기압에서 단위면적 cm^3 속에 포함되어 있

는 분자의 수, 즉 분자밀도는 2.7×10^{19} 분자/cm^3이다(0°C, 1기압, 22.4 L 부피

속에는 아보가드로 수만큼의 분자 수, 즉 6.0×10^{23} 분자가 존재한다). 상기 분자밀도 기준으로 보면 대기압에서 분자밀도가 7%(= (2.7−2.5)/2.7× 100%)만 줄어들어도 진공이라는 이야기가 된다.

[그림 1.1]과 같이 대기압에서 진공 펌프를 이용하여 기체 입자들의 수를 줄이면 진공을 만들 수 있다. 넓은 의미에서 바라보면 우리 주변에서 사용하는 실질적인 진공의 정의는 일정한 공간에서 주위의 대기압보다 적은 기체를 가진 것을 의미하며, 대기압보다 압력이 낮은 것을 말한다. 진공의 정도를 표현하는 데 압력Pressure을 사용한다.

그림 1.1 진공의 개념(진공 용기 중의 기체 입자)

:: 압력의 정의

진공의 정도를 표현하는 데 압력을 사용한다고 했는데, 압력이란 가해진 힘을 힘이 가해진 면적으로 나눈 값이라고 정의한다. 즉 [압력＝힘/면적]이 가장 기본적인 정의이다. 기체 분자는 끊임없이 무질서한 운동을 하면서 용기의 벽과 충돌하면서 힘을 가하기 때문에 그 벽이 압력을 받는다. 기체 분자 하나 하나의 충돌 운동량은 미약한 양이지만, 공기 중에는 기체 분자(입자)들이 무수히 존재하며, 이런 기체 분자들 중 용기의 벽에 직접적으로 충돌한 기체 분자만이 압력에 영향을 준다. 압력은 보통 기호 P로 표현한다. 그러면 압력 P는 다음과 같이 표현할 수 있다.

$$압력(P) = \frac{힘(Force)}{면적(Area)} \left[\frac{N}{m^2} \ or \ Pa \right]$$

$$즉 \ 1\frac{N}{m^2} = 1 \, Pa$$

우리 주위의 물질은 보통 고체와 액체 그리고 기체 상태 등으로 존재한다. 고체는 일정한 모양을 유지하지만, 액체와 기체는 담긴 용기에 따라 모양이 달라진다. 이와 같이 액체와 기체는 고체와 구별하여 유체라고 한다. [그림 1.2]와 같이 유체는 유체를 담은 용기의 표면에 수직한 힘만을 작용하고, 유체 속에 든 물체의 표면에도 수직한 힘만을 작용한다. [그림 1.3]을 보면 지구상

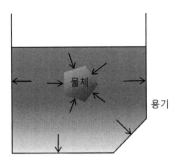

그림 1.2 압력의 개념(유체를 담은 용기에 작용하는 힘)

에는 중력이 작용하므로 물체에 작용하는 압력은 유체의 중력을 고려하여 계산되어야 한다. 유체 자체의 무게 때문에 깊이(높이)에 따라 힘이 달라지고, 따라서 압력도 변화된다. 대기압은 어떤 물체의 위에서 아래로 누르는 기체(공기) 기둥의 무게가 된다. 기체 기둥의 높이는 대기권까지 존재하는 공기 분자들의 무게가 될 수 있다. 대기권의 높이가 지표면으로부터 100 km라고 하면, 1 cm² 단면적 위로 100 km까지의 공기의 무게는 1 kg이라는 말이 된다.

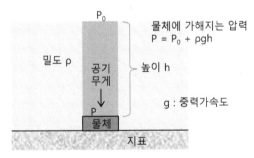

그림 1.3 대기압의 개념(유체의 깊이(높이)에 따라 달라지는 압력)

여기서 단위부피당 분자의 수를 산출해보자. 대기압에서 분자 사이의 거리는 약 30Å이고 분자 직경이 평균 약 3Å이라고 하면, 한쪽 길이 방향으로는 전체 길이의 1/10만 기체 분자가 채우고 있다고 볼 수 있다. 확장해서 삼차원의 부피 비율로 보면 전체 부피의 1/1,000이 기체 분자로 채워져 있다고 볼수 있다.

유체의 압력을 표현하는 데는 몇 가지 방법이 있다. 유체의 압력은 유체의 무게적 관점에서, 기체 분자 수 관점에서 그리고 기체 분자 운동량 관점에서 표현할 수 있다.

유체의 압력은 유체의 무게적 관점에서는 다음과 같이 표시된다.

$$P = \rho g h$$

여기서, ρ는 기체의 밀도, g는 중력가속도, h는 높이이다. 또한 기체 분자 수관점에서는 다음과 같이 표시된다.

$$P = nkT$$

여기서, n은 기체 분자 수 밀도(기체 성분의 양), k는 볼쯔만Boltzmann 상수, T는 절대온도이다. 그리고 기체 분자 운동량 관점에서는 다음과 같이 표시된다. 나중에 다음 식의 유도 방법을 설명한다.

$$P = \frac{1}{3}nmv^2$$

여기서, n은 기체 분자 수 밀도, m은 기체 분자질량, v는 분자의 운동속도이다.

:: 압력의 단위

앞에서도 이야기한 바와 같이 압력의 단위, 즉 진공도의 단위는 기체의 압력에 관련된 단위를 사용한다. [그림 1.4]와 같이 토리첼리Torricelli는 수은주를 이용해 대기압의 존재를 확인했고, 사용한 수은주는 최초의 압력기압계라고 할 수 있다. 한쪽 끝이 막힌 약 1 m 정도의 유리관에 수은을 채운 후에 뒤집어 수은을 채운 용기에 담갔다. 수은은 평형이 이루어지기까지 유리관을 따라 내려가다가 정지했는데, 수은 기둥이 정지한 높이가 대략 76 cm 정도라는

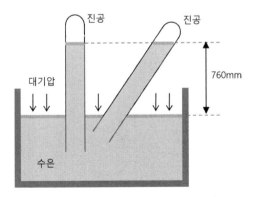

그림 1.4 토리첼리의 실험(대기압 측정)

것을 알았다. 또한 토리첼리는 수은 기둥의 높이는 유리관의 모양이 바뀌어도 항상 동일하다는 것을 확인하였다. 수은 기둥 윗부분의 공간은 진공이며, 수은 기둥이 떨어지지 않는 이유는 수은 기둥의 무게만큼 아래에서 대기압이 밀어주고 있기 때문이라는 것을 알게 되었다.

진공도의 단위로는 여러 가지 다른 압력 단위가 쓰이는데, SI 단위계에서 Pa 외에 허용되는 단위는 bar 그리고 mbar이다. mmHg 단위는 의학계에서 혈압이나 안구내압을 측정하기 위한 단위로 자주 쓰인다. 미국에서는 압력 단위로 Torr를 많이 사용하는데, 좀 더 높은 압력에는 psi가 자주 쓰인다.

[표 1.1]에는 미국에서 많이 사용하는 단위와 정의를 표시하였으며 [표 1.2]에는 각종 압력 단위들의 관계와 압력에 따른 분자 수 밀도를 표시하였다.

표 1.1 압력의 단위와 정의(미국, 표준 압력은 101,325 Pa, 표준 중력가속도는 $g = 9.8 \, m/s^2$)

단위 기호	단위, 정의	환산
bar	바	$1 \, bar = 10^5 \, Pa$
mbar	밀리바	$1 \, mbar = 100 \, Pa$
Torr	토르＝표준 압력 Ps의 1/760	$1 \, Torr = 101,325/760 \, Pa \sim 133.322 \, Pa$ $\sim 4/3 \, mbar$
mmHg	밀리미터수은＝0℃, 표준 중력 가속도하에서 1 mm 높이 수은 기둥 밑면에 가해지는 압력	$1 \, mmHg \sim 133.322 \, Pa$
μ	마이크론＝마이크로미터수은＝0℃, 표준 중력가속도하에서 1 μm 높이 수은 기둥 밑면에 가해지는 압력	$1 \, \mu mHg \sim 0.133 \, Pa$
psi	매 제곱인치당 파운드 힘＝표준중력가속도하에서 1제곱인치 면적당 1미국파운드의 힘이 가해지는 압력	$1 \, psi \sim 6,894.76 \, Pa$

표 1.2 압력의 단위(각종 진공도 또는 압력 단위들의 관계)

std atm	psi	Torr	Pa	mbar	kg·f/cm^2	# density 분자 수/cm^3
1	14.7	760	101,325	1,013	1.035	2.69×10^{19}
0.068	1	51.7	6,891	68.9	0.070	1.83×10^{18}
0.0013	0.019	1	133.3	1.33	0.0014	3.53×10^{16}
9.87×10^{-6}	1.45×10^{-4}	0.0075	1	0.01	1.02×10^{-5}	2.66×10^{14}
9.87×10^{-4}	0.015	0.75	100	1	1.02×10^{-3}	2.66×10^{16}
0.966	14.2	734.14	97,852	978.52	1	2.78×10^{19}

:: 진공의 분류

진공도는 보통 3단계 또는 5단계로 분리해서 구분한다. [표 1.3]과 같이 3단계로 구분하는 경우 저진공, 고진공 그리고 초고진공 등으로 구분하고, [표 1.4]와 같이 5단계로 구분하는 경우 저진공, 중진공, 고진공, 초고진공 그리고 극초고진공으로 구분한다. 우주 전체는 평균적으로 10^{-20} Pa 정도의 압력이며, 지구상에서 만들 수 있는 최고의 진공도는 10^{-11} Pa 정도이다.

표 1.3 압력 영역에 의한 진공의 분류(3단계)

압력의 영역	진공도	
	Torr 단위	Pa 단위
저진공(Low Vacuum)	$760 \sim 10^{-3}$	$10^{5} \sim 10^{-1}$
고진공(High Vacuum)	$10^{-3} \sim 10^{-8}$	$10^{-1} \sim 10^{-6}$
초고진공(Ultra High Vacuum)	10^{-8} 이하	10^{-6} 이하

표 1.4 압력 영역에 의한 진공의 분류(5단계)

압력의 영역	진공도	
	Torr 단위	Pa 단위
저진공(Low Vacuum)	$760 \sim 1$	$10^5 \sim 100$
중진공(Medium Vacuum)	$1 \sim 10^{-3}$	$100 \sim 10^{-1}$
고진공(High Vacuum)	$10^{-3} \sim 10^{-7}$	$10^{-1} \sim 10^{-5}$
초고진공(Ultra High Vacuum)	$10^{-7} \sim 10^{-10}$	$10^{-5} \sim 10^{-8}$
극초고진공(Extremely High Vacuum)	10^{-10} 이하	10^{-8} 이하

:: 진공 기술 개발사

다음은 진공 기술 개발사를 정리한 것이다. 개발한 사람과 개발한 기술에 대한 용어에 익숙해지면 진공 기술을 이해하는 데 도움이 될 것이다.

- 17C 갈릴레이Galilei : 지하 10 m 이하의 물을 왜 퍼올릴 수 없는가 의문을 가짐
- 17C 토리첼리Torricelli : 수은주의 실험으로 대기압의 존재 확인 → Torr라는 단위 생김
- 17C 파스칼Pascal : 높이에 따른 수은주 높이 변화 관찰하여 수은주는 대기압에 의해 올려진 것이라는 것을 이해함 → Pa이라는 압력 단위 생김
- 17C 괴리케Guericke : 마그데부르그 반구 실험으로 진공의 힘을 증명

- 17C 보일Boyle : 보일의 법칙 발견(압력-부피 관계)

- 1783년 베르누이Bernoulli : 유체의 운동 상태와 압력 간의 상호관계 유도

- 1811년 아보가드로Avogadro : 아보가드로 수 발견

- 1859년 맥스웰Maxwell : 기체 속도의 분포함수를 구함

- 1865년 스프렝겔Sprengel : Sprengel Pump 개발

- 1874년 맥라우드Mcleod : 진공계, 수은주를 이용하여 진공도 측정, 10^{-3} Torr 측정

- 1905년 개데Gaede 펌프, 로타리 펌프의 시초, 표면 연구용으로 필요(당시 1 L/min의 배기 속도), 확산 펌프를 소개함, 분자 드래그 펌프 고안함

- 1906년 피라니Pirani 게이지 , Voege의 열전대 게이지 개발

- 1909년 누센Knudsen : 분자 유동에 관한 이론 정립

- 1915년 랭뮤어Langmuir : 확산Diffusion 펌프 개발(Gaede도 수은 이용), 10^{-7} Torr 가능

- 1916년 핫캐소드Hot cathode ion-gauge(Buckley) 개발

- 1936년 오일 확산Oil Diffusion 펌프(K. Hickman, Kodak사) 개발

- 1937년 페닝Penning 게이지(Penning) 개발

- 1942년 He leak detector 개발(원폭 제작과정에 이용됨)

- 1950년 베이어드 알퍼트Bayard Alpert gauge 개발(10^{-11} Torr까지 측정 가능)

- 1953년 Ion pump(Schwartz, Herb) 개발

- 1958년 베커Becker : Turbo Molecular Pump 개발
- 1980년 크라이오 펌프Cryo Pump 개발

:: 진공의 응용

진공 기술은 여러 가지 분야에 사용되고 있는데, 몇 가지 경우로 정리해보면 다음과 같다.

- 청정환경(극청정 분위기)은 기체 밀도를 감소시켜 오염을 줄인다.
  - 고진공 환경에서는 산화막 생성 시간이 길어지고 공정 중 불순물이 감소한다.
- 진공 중에서는 평균자유행로가 증가(충돌 감소)하여 기체 입자가 오랫동안 충돌하지 않고 움직일 수 있게 해준다.
  - 증착 공정에서 이온빔, 전자빔의 충돌 산란을 감소시킨다.
  - 스퍼터링 공정에서 증착 효율을 높이고 깨끗한 피막을 형성한다.
- 진공 중 진행되는 공정에서 적당한 진공을 형성하여 플라즈마 생성(방전)을 쉽게 만들 수 있다.
  - 플라즈마는 이온빔 증착, 스퍼터링, 화학 증착, 식각 공정에 사용된다.
- 진공은 고전압의 절연을 통해 방전이 일어나지 않도록 할 수 있다.

—진공은 어떤 매질보다 효율적인 전기 절연체이다.

• 진공 중에서는 열절연(단열)을 통해 열전달을 줄일 수 있다.

  —보온병, 진공절연패널 등으로 온도를 유지하게 해준다.

• 진공 중에서는 산화/부패 반응이 일어나기 어렵다.

  —진공을 형성하면 공기 중의 질소, 산소 및 수분의 밀도가 감소되어 산
  화 반응과 부패를 억제한다. 전등, 진공 포장, 쓰레기 건조 등에 활용
  된다.

• 진공 중에서는 증기압이 감소하여 물질의 증발 속도(승화작용)가 빨라
  진다.

  —낮은 온도에서도 증발이 잘 일어나므로 동결 건조가 가능하다.

• 진공은 압력 차이를 발생시켜 쉽게 힘의 변화를 일으킬 수 있다.

  —진공압(압력차)은 물건을 들어올리거나 수송하는 추진력을 제공할
  수 있다.

2

진공 기술 이론

2 진공 기술 이론

:: 진공 기술 이론

여기서는 진공 기술을 이해하는 데 필요한 진공 기술 이론을 설명하고자 한다. 기체의 운동 법칙, 평균자유행로, 충돌률, 기체의 수송, 증기압, 기체 방출, 기체의 흐름, 고체 표면의 반응 그리고 진공 시스템에서 수분의 영향 등을 다룬다.

진공은 물질의 세 가지 상태 중에서 기체 상태를 다루므로 기체의 운동 법칙을 알아야 하는데, 기체의 운동 법칙은 이상기체 상태 방정식으로 설명되며, 보일의 법칙, 샤를의 법칙 그리고 아보가드로의 원리로써 설명된다. 맥스웰은 기체 분자 속도 분포 법칙을 고안해냈으며, 최빈속도, 단순평균속도 및 제곱평균제곱근속도를 정의했다.

기체 분자들은 운동을 하면서 서로 충돌하는데, 이와 관련하여 압력이 낮고 높음에 따라 평균적으로 충돌하지 않고 지나갈 수 있는 거리인 평균자유행로를 설명한다.

진공 용기 속의 기체는 진공 용기 벽과 충돌하는데, 압력에 따라 그리고 기체 분자의 온도, 기체 분자 종류에 따라 충돌하는 양이 변한다. 기체의 충돌하는 양은 표면의 오염과 관련되며, 나중에 언급할 크라이오 펌프에서의 기체 분자를 제거하는 양과도 관련된다.

기체의 흐름은 점성과 관련되어 설명되며, 기체의 열전달은 대류, 전도 및 복사 방식으로 전달한다. 또한 여러 가지 기체들은 확산에 의해 서로 퍼지며 섞인다.

액체나 고체 표면의 분자들은 증기압 법칙에 따라서 기체로 변화되는데, 증기압은 온도와 압력에 관련되어 설명되며, 증착 공정에서 증착량을 계산하는 데 적용된다.

유량은 여러 가지로 표현되고 있지만, 진공에서의 유량은 압력과 온도에 관련된 기체 방출률이라는 양으로 고려된다.

진공 용기로부터 기체를 빼내기 위해서는 점성 유동, 분자 유동을 거치게 되며, 용기의 크기와 평균자유행로부터 정의되는 누센 수에 의해 구분된다.

기체와 고체 표면에서는 흡착 및 탈착이 발생하며, 흡착률과 탈착률의 계산을 통해 기체 방출Outgassing의 개념을 확인할 수 있다. 진공에서는 진공 용기와 진공 용기 표면에 포함되어 있는 기체를 어떻게 제거해야 하는가가 중요한 요소이며, 특히 수분의 제거가 가장 중요하다. 수분 제거를 위한 방법들이 기술된다.

:: 기체의 운동 법칙

물질은 온도와 압력에 의해서 물질의 상태인 상Phase이 변화한다. 온도를 증가시키면 고체가 액체로, 액체가 기체로 변화된다. 기체는 형태가 없는 작은 알갱이로, 무수히 모여 어느 방향으로나 자유롭게 움직이는 입자들이 있는 물질 상태이다. 기체는 고체나 액체와 다르게 일정한 모양이나 부피를 가지고 있지 않아, 용기 속에 넣으면 용기를 채우고 항상 한없이 확산하는 성질을 가지고 있다.

진공 기술에서 기체의 거동은 일반적으로 이상적인 기체법칙으로 설명한다. 이상기체의 특징은 다음과 같다.

- 기체 분자는 지속적이고 불규칙한 직선운동을 한다.
- 기체 분자는 완전탄성체이고 충돌은 순식간에 발생한다.
- 기체 분자의 자체 부피는 무시된다.
- 기체 분자들 사이에 인력이나 반발력은 무시된다.

• 기체 분자의 평균 운동 에너지는 절대온도에 비례한다고 가정한다.

기체의 성질에 영향을 미치는 변수는 네 가지로 구분해볼 수 있다. 즉 압력, 부피, 온도 및 기체의 양(몰 수)이다. 이런 기체와 관련된 법칙들은 보일의 법칙, 샤를의 법칙(보일의 법칙과 샤를의 법칙을 합해서 보일-샤를의 법칙이라고도 한다) 그리고 게이-루삭의 법칙 등으로 다음에 설명해보았다.

[보일의 법칙]

보일의 법칙Boyle's Law은 일정한 기체의 부피와 압력의 곱은 일정하다는 법칙이다. [그림 2.1]에서 보이는 바와 같이 주사기 압력을 증가시키면 주사기 부피는 감소하는 원리를 말한다. 다음의 식으로 표현된다.

$$P_1 \times V_1 = P_2 \times V_2$$

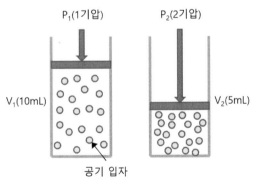

그림 2.1 압력 증가에 따른 부피의 변화

여기서, P는 압력, V는 부피이다.

압력이 증가하면 부피는 감소하는데, [그림 2.1]에서 1기압 10 mL 부피의 주사기를 외부에서 힘을 가해서 주사기 부피가 5 mL가 되면 주사기 내부의 압력은 2기압이 된다. [그림 2.2]는 보일의 법칙을 보여주며, 압력과 부피는 반비례 관계이다.

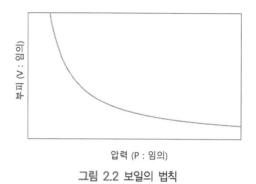

그림 2.2 보일의 법칙

[샤를의 법칙]

샤를의 법칙Charles's Law은 기체가 차가워지면 부피는 감소하고 기체를 가열하면 부피는 증가한다는 법칙이다. 예를 들어 찌그러진 공에 열을 가하면 펴지는 원리로 다음의 식으로 표현할 수 있다.

$$\frac{V_1}{T_1} = \frac{V_2}{T_2}$$

여기서, V는 부피, T는 절대온도이다. 보일-샤를의 법칙Boyle-Charles's Law은 보일의 법칙과 샤를의 법칙을 같이 표현한 법칙이다. 다음과 같이 표현할 수 있다.

$$P_1 \frac{V_1}{T_1} = P_2 \frac{V_2}{T_2}$$

여기서, P는 압력, V는 부피, T는 절대온도이다.

[게이-루삭의 법칙]

게이-루삭의 법칙Gay-Lussac's Law은 기체의 온도를 높이면 기체의 부피가 증가하는 양을 나타내는 법칙이다. 반대로 온도를 낮추면 부피는 감소한다. 온도를 절대온도 0 K(−273°C)까지 낮추면 이론적으로 부피는 거의 0이 된다. 다음에 게이-루삭의 법칙을 표현하였다.

$$V = V_0 \left(1 + \frac{T(°C)}{273} \right) = V_0 \left(1 + \frac{K - 273}{273} \right)$$

여기서, V는 부피, T는 섭씨온도이며, K는 절대온도이고, V_0는 0°C(273 K)일 때의 기체의 부피이다.

[그림 2.3]에 게이-루삭의 법칙을 표현하였는데, 온도와 부피는 비례관계이다.

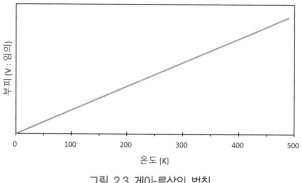

그림 2.3 게이-루삭의 법칙

[아보가드로의 원리]

아보가드로Avogadro의 원리는 동일한 온도와 동일한 압력하에서 동일 부피의 기체 속에는 동일한 수의 분자가 들어 있다는 것으로, 이때 분자의 수를 아보가드로 수Avogadro's Number라고 한다. 표준온도와 압력 조건Standard Temperature and Pressure, STP인 273 K(즉, 0°C)의 온도와 760 Torr의 압력에서 부피는 22.414 L를 차지하며, 기체의 종류에 관계없이 기체 1몰에는 6.023×10^{23}개의 분자가 존재한다.

어떤 분자 1개의 질량은 대략 양성자의 질량인 1.67×10^{-27} kg의 몇 배에서 몇 수십 배인데 분자 질량을 이런 단위로 표현하면 번거롭기도 하고 기억하기도 어렵다. 하지만 어떤 분자의 수가 아보가드로 수만큼 있다고 하면 매우 간단하게 표현할 수 있다. 즉, 수소 분자가 아보가드로 수만큼 있다고 하면 수소 분자의 질량은 2 g이 된다. 마찬가지로 질소 분자는 28 g, 산소 분자는 32 g 그리고 물분자는 18 g이 되는데 이 값을 분자량이라고도 부른다. 분자량은 다음과 같이 계산된다.

$$M = m \times L$$

여기서, M은 분자량, m은 기체 분자 1개의 질량, L은 아보가드로 수이다. 0°C의 온도와 760 Torr(1 기압)의 압력에서 22.4 L 부피에 존재하는 공기 분자의 질량은 대략 29g이다(질소 분자 80%, 산소 분자 20% 비율로 계산함). 그러면 1 L 부피에 존재하는 공기 분자의 질량은 얼마일까? 간단히 다음과 같이 계산된다.

$$29 \text{ g} \times \frac{1 \text{ L}}{22.4 \text{ L}} = 1.3 \text{ g}$$

즉, 1 L의 부피의 공기 질량은 1.3 g이다. 보일의 법칙과 아보가드로 원리를 이용해서, [그림 2.4]와 같은 밀폐된 탱크에 질소통의 질소를 탱크에 채울 때 압력과 질소 농도가 어떻게 변화하는지 생각해보자. 우선 보일의 법칙에서 탱크와 질소통을 연결하기 전과 연결한 후의 압력은 다음과 같이 정리된다.

$$P_1 V_1 + P_2 V_2 = P_3 V_3$$

여기서, P_1은 탱크의 압력, V_1은 탱크의 부피, P_2는 질소통의 압력, V_2는 질소통의 부피, P_3는 탱크와 질소통을 연결했을 때의 압력, V_3는 탱크와 질소통의 합계 부피다. [그림 2.4]의 값을 입력해보면 연결한 후의 압력은 1.2기압이 된다.

$$1\text{기압} \times 25{,}000\ \text{L} + 120\text{기압} \times 47\ \text{L}$$
$$= 1.2\text{기압} \times (25{,}000\ \text{L} + 47\ \text{L})$$

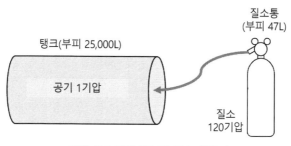

그림 2.4 밀폐 탱크에 질소 채우기

이번에는 질소 농도의 변화를 계산해보자. 질소통을 연결하기 전의 25,000 L의 탱크에 존재하는 공기 분자의 질량은 위의 아보가드로 수에서 계산한 바와 같이 32.4 kg(＝(29 g×25,000 L)/22.4 L)이다. 이 중 80%가 질소이므로 질소의 질량은 25.9 kg(＝32.4 kg×80%)이 된다. 한편 산소의 질량은 전체의 20%이므로 6.5 kg이다. 탱크에 질소 질량 7 kg인 질소통을 연결하면 전체질소량은 32.9 kg(＝25.9 kg＋7 kg)가 되며, 산소 질량은 동일하게 6.5 kg이다. 그러면 질소의 농도는 80%에서 83.6%(＝32.9 kg/(32.9 kg＋6.5 kg))로 변한다. 이렇게 질소통을 몇 개 연결했을 경우의 질소와 산소의 농도 변화를 [그림 2.5]에 표시하였다. 그림과 같이 5회 충진하면 질소 농도가 90%까지 올라간다.

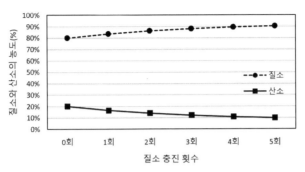

그림 2.5 밀폐 탱크에 질소 충진 횟수에 따른 질소와 산소의 농도 변화

[이상기체 상태 방정식]

보일-샤를의 법칙에 아보가드로의 법칙을 포함해서 정리하면 이상기체 상태 방정식Ideal Gas Equation이 만들어진다. 계의 상태를 정의하는 성질들은 일반적으로 상호 간에 독립적이 아니다. 계의 성질들 사이의 관계를 잘 나타내는 가장 중요한 예가 이상기체라고 알려진 이상적 유체의 관계라 볼 수 있다. 이상기체 상태 방정식은 다음과 같이 정리할 수 있다.

$$\frac{P_1 V_1}{N_1 T_1} = \frac{P_2 V_2}{N_2 T_2} = k$$

$$\rightarrow PV = kNT \quad \text{또는} \quad PV = nRT, \; P = nkT$$

여기서, P는 압력, V는 부피, T는 절대온도, N은 분자 수, k는 볼쯔만 상수 Boltzmann Constant, n은 단위부피당 분자 수, R은 기체 상수Gas Constant라고 한다. 볼쯔만 상수는 1.38×10^{-23} J/K이며, 기체 상수 R은 보편적 상수(기체의 화학적 종에 무관하다는 뜻)로서 그 값은 8.315 J/K·mol이다. 기체 상수 R을 다른 단위로 표시하면 다음과 같다.

$$R = 8.31 \text{ J/K} \cdot \text{mol}$$

$$R = 8.31 \text{ Pa} \cdot \text{m}^3/\text{K} \cdot \text{mol}$$

$$R = 83.15 \text{ mbar} \cdot \text{L/K} \cdot \text{mol}$$

$$R = 62.36 \text{ Torr} \cdot \text{L/K} \cdot \text{mol}$$

이상기체 상태 방정식은 3개의 실험적 결론, 즉 보일의 법칙(온도와 물질량이 일정한 조건에서 $P \propto 1/V$), 샤를의 법칙(부피와 물질량이 일정한 조건에서 $P \propto T$), 그리고 아보가드로의 원리(온도와 압력이 일정한 조건에서 $V \propto n$)를 요약한 것이다. 압력이 아주 높은 기체는 이상기체 상태 방정식이 잘 맞지 않지만, 거의 모든 기체는 그 압력이 0으로 감소할수록 이상기체 상태 방정식Ideal Gas Equation을 더 잘 만족시킨다. 실제로 지구상 해수면에서의 기준 압력(약 1기압)은 충분히 낮은 압력으로서 대부분의 기체들은 이 압력에서 거의 완전하게 이상기체 상태 방정식을 따른다.

[돌턴의 법칙]

기체의 성질을 표현하는 법칙으로 돌턴의 법칙Dalton's Law이 있는데, 여러 종류의 기체가 혼합되어 있을 경우 혼합 기체의 전체 압력은 각 기체의 압력인

분압의 합과 같다는 것이다. 이상기체들의 혼합물은 단일 완전 기체와 같이 행동한다. 즉 이러한 혼합물의 전체 압력은 각 성분 기체들이 단독으로 용기 전체를 차지할 때 나타날 압력들의 합과 같게 된다.

$$P = P_1 + P_2 + P_3 + P_4 + \cdots + P_n = \sum_{i=1}^{n} P_i$$

여기서, P는 전체 압력이다. 각각의 압력 P_i는 이상기체 상태 방정식을 다음과 같은 식을 써서 구할 수 있다.

$$P_i = \frac{n_i RT}{V}$$

대기는 여러 가지 기체, 즉 질소, 산소, 아르곤, 이산화탄소 등으로 구성되어 있는데 이들 기체의 분압을 합한 압력이 대기압이 된다. 각 기체의 분압은 대기압과 조성비를 곱한 값으로 구해진다. 대기압에서 질소와 산소의 조성비는 78.08%와 20.95%이므로 질소와 산소의 분압은 다음과 같이 구해진다.

$$P(N_2) = 760 \, Torr \times 0.7808 = 593 \, Torr$$

$$P(O_2) = 760 \, Torr \times 0.2095 = 159 \, Torr$$

[표 2.1]은 대기를 구성하는 기체들의 조성비와 부분압을 표시하였는데,

질소와 산소가 많은 부분을 차지한다. 또한 [표 2.2]는 초고진공에서의 기체들의 부분압을 표시하였다. 초고진공에서는 수소 분자의 부분압이 높아진다.

표 2.1 대기의 기체 분자 구성 및 분압

기체 분자	대기압	
	조성비(%)	부분압(Torr)
N_2	78.08	593
O_2	20.95	159
Ar	0.93	7.05
CO_2	0.03	0.25
Ne	1.8×10^{-3}	0.014
He	5.2×10^{-4}	0.004
Kr	1.1×10^{-4}	0.00084
H_2	$5.0108.0910^{-5}$	0.00038
H_2O	1.57(variable)	11.90(variable)

표 2.2 초고진공에서의 기체 분자 구성 및 분압

기체 분자	초고진공($<10^{-6}$ Torr)	
	조성비(%)	부분압(Torr)
N_2		2.0×10^{-11}
O_2		
Ar		6.0×10^{-12}
CO_2		6.5×10^{-11}
Ne		5.2×10^{-11}
He		3.6×10^{-10}
Kr		
H_2		1.8×10^{-9}
H_2O		1.3×10^{-10}

[맥스웰-볼쯔만 분포]

대기 중 온도나 압력에서 용기 안에 들어 있는 기체의 압력을 고려해보면, 매우 많은 수의 분자가 각각 임의의 방향으로 임의의 속도로 날아가고 있고, 서로 빈번하게 충돌하므로 일반적인 역학의 문제로 취급하기란 불가능하다. 이런 경우 통계적으로 취급하면 간단하게 해석할 수 있다. 기체 분자 하나 하나의 미시적 성질과 많은 수의 분자를 통계적으로 해석하는 대량 성질(대량 물체는 많은 수의 원자, 분자 또는 이온으로 되어 있다. 그리고 물리적 상태는 고체, 액체 또는 기체이다. 대량 물체의 성질은 질량, 부피, 몰질량 등이 있다) 사이의 관계를 나타내는 가장 간단한 예는 기체의 분자 운동론이라고 하는 이상기체에 관한 모형이다.

여기서 기체 분자 속도의 분포 법칙을 생각해보자. 기체 분자 운동론이라는 모형은 무시할 수 있을 정도로 작은 부피의 분자들이 쉬지 않고 무질서한 운동을 하며, 서로 충돌하는 짧은 순간을 제외하면 상호작용을 하지 않는다고 가정한다. 속력이 상이하면 병진 운동 에너지도 다르며, 따라서 볼쯔만 분포식을 이용하여 주어진 특정한 온도에서 주어진 명시된 속력을 갖는 분자의 분율을 계산하는 식을 구할 수 있다. 이 식이 기체 분자들은 완전한 불규칙한 운동을 한다는 전제하에 맥스웰Maxwell이 구한 속도분포함수이다. 기체 분자의 속도가 v와 v+dv 사이에 있는 분자밀도(분자의 수)는 다음 식으로 표현된다.

$$g(v)dv = 4\pi v^2 \left(\frac{m}{2\pi k T}\right)^{\frac{3}{2}} e^{\frac{-mv^2}{2kT}} dv$$

앞의 식은 맥스웰-볼쯔만 분포식Maxwell-Boltzmann Distribution이라고 부른다. 이 식의 특징은 가장 확률이 높은 속력(이 분포의 봉우리에 해당하는)은 온도가 증가하고, 몰 질량이 감소(가벼운 기체)함에 따라 증가하며, 속력 분포의 폭이 넓어지는 것이다. 상온의 대기압 상태에서 대기 입자의 가장 확률이 높은 속도는 420 m/s 정도로 소리의 속도와 비슷하다. 또한 높은 온도에서는 낮은 온도에서 보다 높은 속력 쪽으로 더 긴 꼬리 모양을 나타내는데, 이것은 온도가 높아질수록 시료 중의 더 많은 분자들이 평균치보다 훨씬 더 큰 속력을 갖는다는 것을 의미한다. 가벼운 기체 입자(분자)들 가운데는 지구의 탈출속

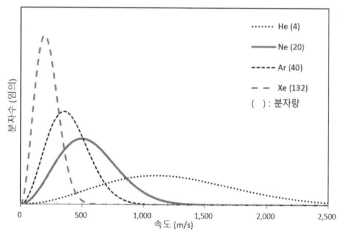

그림 2.6 여러 가지 분자들의 실온에서의 속도 분포 변화

도(11.2 km/s)보다 큰 속도를 갖는 분자들도 생길 수 있으며, 이들 분자들은 지구 대기를 빠져나가기도 한다. [그림 2.6]은 여러 가지 분자들의 실온에서의 속도 분포 변화를 표현하고 있는데 가벼운 분자일수록 속도 분포가 오른쪽으로 이동한다. 그림의 속도 분포에서 아르곤(Ar) 분자의 수가 모두 1백만 개라고 가정할 때 속도 300~301 m/s 사이에 있는 분자의 수는 대략 2,000개 정도가 되며, 속도 1,000~1,001 m/s 사이에 있는 분자의 수는 대략 10여 개가 된다.

또한 [그림 2.7]은 질소 분자의 여러 가지 온도에서의 속도 분포 변화를 표현하고 있는데 온도가 증가할수록 속도 분포가 오른쪽으로 이동한다.

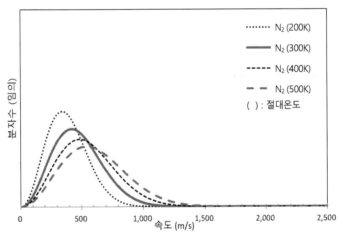

그림 2.7 질소 분자의 여러 가지 온도에서의 속도 분포 변화

앞서 기술한 맥스웰의 속도분포함수에서 기체 분자 속도의 종류를 세 가지의 속도로 정의할 수 있다. 즉 최빈속도, 단순평균속도 그리고 제곱평균제

곱근속도이다. 최빈속도Most Probable Speed는 분자들의 속도들 중에서 그 속도를 갖는 분자의 개수가 가장 많은 최대 확률 속도를 말한다. 맥스웰-볼쯔만 분포에서 속도를 미분해서 값을 얻을 수 있다. 다음과 같이 구한다.

$$g'(v) = 0 \rightarrow v_m = \left(\frac{2k\mathrm{T}}{\mathrm{m}} \right)^{\frac{1}{2}}$$

여기서, T는 절대온도, k는 볼쯔만 상수, m은 기체 분자의 질량이다. 단순평균속도Mean Speed는 각각의 분자의 속도를 전부 합하여 분자의 총수로 나눈 단순한 평균속도를 말한다. 다음과 같이 구한다.

$$\overline{v} = \int_0^\infty v \times g(v) dv = \left(\frac{8k\mathrm{T}}{\pi \mathrm{m}} \right)^{\frac{1}{2}}$$

제곱평균제곱근속도Root Mean Square Speed는 기체 분자의 각각의 진행 방향에 따른 속도의 제곱 평균값의 제곱근으로서 압력과는 다음과 같은 관계가 있다.

$$\mathrm{P} = \frac{1}{3} \mathrm{nm} \overline{v^2}$$

$$\mathrm{P} = \mathrm{n}k\mathrm{T} \rightarrow \frac{1}{2} \mathrm{m} \overline{v^2} = \frac{3}{2} k\mathrm{T}$$

$$\rightarrow \sqrt{\overline{v^2}} = \left(\frac{3k\mathrm{T}}{\mathrm{m}} \right)^{\frac{1}{2}}$$

여기서 기체 분자 운동량 관점에서의 압력을 계산해보자. 기체 분자가 챔버 벽(용기 벽)과 충돌하면 벽에 운동량을 전달하고, 단위면적당 벽에 전달하는 힘을 압력이라 할 수 있다. [그림 2.8]과 같이 질량 m인 기체 분자가 x방향의 속도 v_x로 운동하다가 용기 벽에 충돌하면 운동량의 변화(즉 충격량)는 $2mv_x$이고, 진행한 시간 t는 L/v_x가 된다. 벽에 전달되는 힘은 충격량을 시간으로 나눈 값이므로 $2mv_x/(L/v_x)$가 된다. 압력은 단위면적 A당의 힘 $2mv_x/(L/v_x)$이다. 즉 다음과 같이 계산된다.

$$P = \frac{2mv_x/(L/v_x)}{A} = \frac{2mv_x^2}{V}$$

여기서, V는 부피이고, V=AL이다.

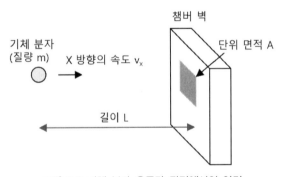

기체 분자
(질량 m)   X 방향의 속도 v_x

챔버 벽

단위 면적 A

길이 L

그림 2.8 기체 분자 운동량 관점에서의 압력

앞서 맥스웰-볼쯔만 분포식에서 속도가 v_x인 입자의 수는 $dN=N \times g(v_x) \times dv_x$이므로 압력 P는 다음과 같이 표현된다.

$$P = \frac{2mN}{V} \int_0^\infty v_x^2 g(v_x) dv_x = nm\overline{v_x^2}$$

여기서, n은 단위부피당 기체 분자의 수이고 n=N/V이다. 직각 좌표계 세 방향으로 기체의 분포가 같으면 $\overline{v^2} = 3\overline{v_x^2}$가 되어, 압력 P는 다시 다음과 같이 표현된다.

$$P = \frac{1}{3} nm\overline{v^2}$$

질소에 대해서 최빈속도, 단순평균속도, 제곱평균제곱근속도 등 세 가지 속도에 대해서 각각 값을 구해보자. 기체 분자질량 m은 계산하기 복잡하므로 기체 상수 R을 사용하여 몰질량으로 바꾸면 다음 식으로 바꿀 수 있다. 상온 25°C에서는 각각의 속도는 다음과 같다(기체 상수 R은 8.315 J/K/mol이다).

$$\text{최빈속도} \quad v_m = \left(\frac{2kT}{m} \right)^{\frac{1}{2}} = \left(\frac{2RT}{M} \right)^{\frac{1}{2}}$$

$$= \left(\frac{2 \times 8.315 \, [\mathrm{J/(K \cdot mol)}] \times (25 + 273) \, [\mathrm{K}]}{\left(\dfrac{28}{1,000} \right) [\mathrm{kg/mol}]} \right)^{\frac{1}{2}}$$

$$= 421 \, \mathrm{m/s}$$

평균속도 $\overline{\mathrm{v}} = \left(\dfrac{8k\mathrm{T}}{\pi\mathrm{m}} \right) = \left(\dfrac{8\mathrm{RT}}{\pi\mathrm{M}} \right)^{\frac{1}{2}}$

$$= \left(\frac{2 \times 8.315 \, [\mathrm{J/K \cdot mol}] \times (25 + 273) [\mathrm{K}]}{3.14 \times \left(\dfrac{28}{1,000} [\mathrm{kg/mol}] \right)} \right)^{\frac{1}{2}}$$

$$= 475 \, \mathrm{m/s}$$

제곱평균제곱근속도 $\sqrt{\overline{\mathrm{v}^2}} = \left(\dfrac{3k\mathrm{T}}{\mathrm{m}} \right)^{\frac{1}{2}} = \left(\dfrac{3\mathrm{RT}}{\mathrm{m}} \right)^{\frac{1}{2}}$

$$= \left(\frac{3 \times 8.315 \, [\mathrm{J/(K \cdot mol)}] \times (25 + 273) \, [\mathrm{K}]}{\left(\dfrac{28}{1,000} \right) [\mathrm{kg/mol}]} \right)^{\frac{1}{2}}$$

$$= 515 \, \mathrm{m/s}$$

앞에서 구한 바와 같이 질소의 상온에서의 최빈속도, 평균속도 그리고 제곱평균제곱근속도는 각각 421 m/s, 475 m/s, 515 m/s이다. [그림 2.9]에 질소의 최빈속도, 평균속도 그리고 제곱평균제곱근속도를 나타내었다. 세 가지 속도는 비율적으로는 1 : 1.13 : 1.22이다. 최대 20% 정도 차이난다. 기체 분

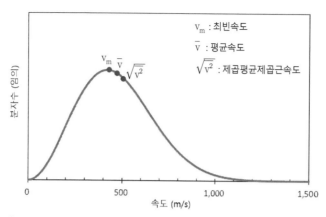

그림 2.9 최빈속도, 평균속도, 제곱평균제곱근속도의 비교(질소 분자의 경우)

자 운동론에서 기체 분자 1개의 평균 운동 에너지는 열, 즉 온도와 관계를 가지고 있으며 제곱평균제곱근속도로 정리하여 나타낸다.

제곱평균제곱근속도는 3가지 속도 중 가장 많이 사용되는 속도이다. 주요 기체 분자들의 세 가지 속도를 [표 2.3]에 나타내었다.

표 2.3 주요 기체 분자의 속도

구분	분자 1개 질량(kg)	몰 질량 (M, g)	최빈속도 (m/s)	평균속도 (m/s)	제곱평균 제곱근속도 (m/s)
H_2	3.33×10^{-27}	2	1,574	1,776	1,928
He	6.66×10^{-27}	4	1,113	1,256	1,363
H_2O	3.00×10^{-26}	18	525	592	643
Ne	3.33×10^{-26}	20	498	562	610
N_2 & CO	4.66×10^{-26}	28	421	475	515
Ar	6.66×10^{-26}	40	352	397	431
CO_2	7.33×10^{-26}	44	336	379	411

:: 평균자유행로

평균자유행로Mean Free Path는 기체 입자가 운동을 하다가 다른 입자와 충돌하기 전까지 이동하는 평균적인 거리를 나타낸다. 분자의 운동과 밀접한 관계가 있다. 분자들 간에 상대적인 속도라든지 분자의 크기와 관련된다. [그림 2.10]과 같이 기체 분자가 다른 기체 분자들과 충돌하며 지나가는 경우를 생각해보면, 충돌에서 다음 충돌까지 이동하는 거리는 짧아졌다 길어졌다 한다. 이런 거리를 통계적으로 평균하여 얻은 거리를 평균자유행로라고 한다. 평균자유행로는 기체 분자의 총 여행길이를 충돌 횟수로 나누면 구할 수 있다. 몇 가지 경우로 나누어 생각해보자.

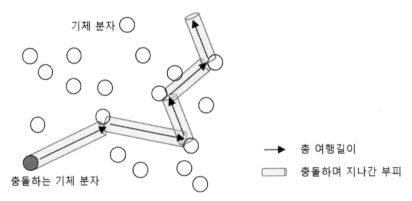

그림 2.10 기체 입자가 충돌하며 지나간 경로와 경로 속에 놓여 있는 분자 수

[작은 기체 입자가 빠르게 기체 속을 지날 경우]

$$평균자유행로 \quad l = \frac{총\ 여행길이}{충돌\ 횟수} = \frac{총\ 여행길이}{부피 \times 밀도}$$

$$= \frac{vt}{\pi r^2 \times vt \times n} = \frac{1}{n\pi r^2} = \frac{1}{n\sigma}$$

여기서, σ는 분자의 충돌 단면적Cross Section, r은 기체의 유효반경, n은 단위부피당 기체 분자 수이다.

여기서 충돌 단면적 σ를 정의해보자. [그림 2.11]과 같이 입자 2가 xy평면의 원점에 정지해 있고 입자 1이 움직여 충돌하는 경우 반경 (r_1+r_2)인 원 안에 입자 1이 존재하는 경우 입자 1과 입자 2는 반드시 충돌한다. 즉 원의 면적은 다음과 같다.

$$\sigma = \pi (r_1 + r_2)^2$$

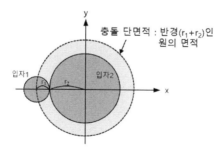

그림 2.11 입자 1과 입자 2가 충돌하는 순간의 모습과 충돌 단면적

원의 면적 σ가 클수록 충돌이 쉽게 일어난다. 그러므로 σ가 충돌 확률을 나타내는 양으로 생각할 수 있으며, 이를 충돌 단면적이라 정의한다. [그림 2.12(a)]의 경우 입자가 충돌할 때는 충돌반경이 r이지만, [그림 2.12(b)]와 같이 비슷한 크기의 입자가 충돌할 때는 충돌반경이 r에서 2r로 증가한다.

그림 2.12 작은 기체 입자와 큰 기체 입자의 충돌, 큰 기체 입자와 큰 기체 입자 간의 충돌 비교(충돌 단면적이 4배 차이남)

[비슷한 크기의 입자가 빠르게 지날 때(이온이나 빠른 분자)]

$$평균자유행로 \ \ l = \frac{1}{n\sigma} = \frac{1}{4n\pi r^2}$$

여기서, σ는 분자의 충돌 단면적으로서 유효반경이 2r로 증가한다.

[비슷한 크기의 느린 입자(입자 2개가 모두 움직일 경우)]

$$평균자유행로 \ \ l = \frac{1}{n\sigma} = \frac{1}{4\sqrt{2}\,n\pi r^2}$$

빠른 입자보다는 느린 입자가 충돌할 확률이 높다($\sqrt{2}$ 는 상대적 평균속력 때문에 발생한다).

입자 양쪽이 모두 움직일 경우, 한쪽이 정지해 있는 경우 보다 상대속도가 더 크다. 상대속도는 평균속도 v와 관계되는데, 분자들이 동일 방향으로 움직일 때는 상대속도가 0이며, 분자들이 서로 접근할 때는 2v가 된다. 하지만 일반적으로 분자들이 측면으로부터 접근하므로 상대속도는 $\sqrt{2}\,v$가 된다. 그래서 입자 양쪽이 모두 움직일 때는 단위시간당 충돌횟수가 증가하고 결과적으로 평균자유행로는 짧아진다. [표 2.4]에 여러 가지 기체 분자별 충돌반경을 표시하였다.

표 2.4 기체 분자별 충돌반경

기체 종류	충돌반경 r[10^{-10} m]
He	1.09
Ne	1.29
Ar	1.82
Kr	2.08
Xe	2.43
H	0.53
H_2	1.37
N_2	1.89
O_2	1.8
Hg	1.58
CH_4	2.07

[평균자유행로와 압력의 관계]

P＝nkT에서 평균자유행로를 기체 압력의 식으로 표현할 수도 있다. 다음과 같이 평균자유행로는 압력이 높을수록 작아지고, 압력이 낮을수록 커진다.

$$ 평균자유행로 \quad l= \frac{1}{n\sigma} = \frac{1}{4\sqrt{2}\,n\pi r^2} = \frac{k\mathrm{T}}{\sqrt{2}\,\mathrm{P}\pi \mathrm{d}^2} $$

여기서, P는 압력, d는 분자직경이다. [표 2.5]에 주요 기체 분자의 크기를 표현하였다. 기체 분자가 공기Air라면 분자 직경이 대략 3.7Å이고, 온도가 상온 (300 K)이라면, 평균자유행로를 압력값을 이용하여 간단히 환산하여 표현할 수 있으며 다음과 같다.

표 2.5 주요 기체 분자의 크기

기체 종류	분자식	분자량 M(g/mole)	분자직경(Å)
헬륨	He	4	2.18
수소	H_2	2	2.75
아르곤	Ar	40	3.67
질소	N_2	28	3.76
산소	O_2	32	3.64
수증기	H_2O	18	4.68
공기(air)	–	29	3.74

$$평균자유행로 \quad l = \frac{6.8 \times 10^{-3}}{P[Pa]} \, [m] \quad 또는 \quad \frac{5.1 \times 10^{-3}}{P[Torr]} \, [cm]$$

[표 2.6]은 압력 변화에 따른 분자밀도와 평균자유행로를 표시하였다. 압력이 1×10^{-12} Torr인 환경에서는 분자밀도가 cm^3당 수천 개이지만, 압력이 더욱 낮은 은하계와 은하계 사이의 공간 같은 경우는 분자밀도가 cm^3당 1개도 안되는 경우도 있을 수 있다. 이런 경우 평균자유행로는 거의 무한대가 될 수도 있다.

표 2.6 여러 가지 압력별 분자밀도, 평균자유행로의 관계

압력(Torr)	760	1×10^{-2}	1×10^{-6}	1×10^{-9}	1×10^{-12}
분자밀도(개/cm^3)	2.7×10^{19}	3.2×10^{14}	3.2×10^{11}	3.2×10^7	3.2×10^3
평균자유행로	0.067 μm	0.5 cm	5.1 m	51 km	51,000 km

:: 충돌률(충돌 유량)

기체의 거시적 특성들은 기체 입자가 표면과 충돌하는 입사율에 의해 결정된다. 입사율을 충돌률Impingement Rate, Arrival Rate이라고도 한다. 즉 충돌률은 단위시간에 분자가 표면적 A에 충돌하는 횟수이다. 진공 용기 속의 기체 분자가 단위시간당 단위면적에 해당하는 진공 용기 벽을 치는 횟수인 충돌률 f는

기체 분자 운동량 관점에서의 압력을 계산하는 방식에서 다음과 같이 표현된다.

$$f = n \int_0^\infty v_x \times g(v_x) dv_x$$

$$f = \frac{1}{4} n \overline{v}$$

여기서, n은 단위부피당의 분자 수, $\overline{v}$ 는 맥스웰-볼쯔만 분포의 기체 분자의 단순평균속도이다. 여기서 계수 1/4은 분자의 운동 방향의 자유도가 여섯이기 때문에 나오는 값으로 Vector적 특성 때문에 1/6이 아닌 1/4이 된다. P=nkT에서 n=P/kT를 대입하고, $\overline{v}$ 를 다음과 같이 대입하면 충돌률 f는 다음과 같이 계산된다.

$$P = nkT \rightarrow n = \frac{P}{kT}$$

$$\overline{v} = \int_0^\infty v \times g(v) dv = \left(\frac{8kT}{\pi m}\right)^{\frac{1}{2}}$$

$$f = \frac{1}{4} n \overline{v} = \frac{1}{4}\left(\frac{P}{kT}\right)\left(\frac{8kT}{\pi m}\right)^{\frac{1}{2}} = \frac{P}{(2\pi kTm)^{\frac{1}{2}}}$$

여기서, P[Pa], k[1.381×10^{-23} Pa· m^3/K], T [K], m [kg]이다. 여기서 단위를 압

력 P는 Pa, 절대온도 T는 K 그리고 분자량 M은 g/mole를 적용하면(m[kg]= M/1,000N$_A$[kg], N$_A$[개/mole]는 아보가드로 수) 충돌률 f는 다음과 같다.

$$f = \frac{P_{Pa}}{(2\pi k TM/1,000N_A)^{\frac{1}{2}}}$$

$$= 2.634 \times 10^{24}\frac{P_{Pa}}{(TM)^{\frac{1}{2}}}Molecules/(m^2 \cdot s)$$

충돌률에 활용되는 볼쯔만 상수Boltzmann Constant는 보통 1.381×10^{-23} [J/K]인데, 다른 단위로 변환해보면 다음과 같다.

$$P = nkT \rightarrow k = \frac{P}{nT}$$

0°C, 1기압에서 22.4L에는 아보가드로 수, 즉 6.02×10^{23}개의 분자가 있으므로 볼쯔만 상수는 다음과 같이 여러 가지로 표현할 수 있다.

$$k = \frac{P}{nT} = \frac{1}{(6.02 \times 10^{23}/22.4) \times 273}$$

$$= 1.363 \times 10^{-25}\,[atm \cdot L/K]$$

$$= 1.036 \times 10^{-19} \, [\text{Torr} \cdot \text{cm}^3/\text{K}]$$

$$= 1.381 \times 10^{-23} \, [\text{Pa} \cdot \text{m}^3/\text{K}]$$

충돌률에서 압력 단위를 Torr로 바꾸면 다음과 같이 표현된다.

$$f = \frac{1}{4} n \bar{v} = \frac{1}{4} \left(\frac{P}{k\text{T}} \right) \left(\frac{8k\text{T}}{\pi m} \right)^{\frac{1}{2}} = \frac{P_{\text{Torr}}}{(2\pi k \text{T} m)^{\frac{1}{2}}}$$

여기서, P[Torr], k[1.036×10^{-19} Torr·cm³/K], T[K], m[kg]이다. 여기서 단위를 압력 P는 Pa, 절대온도 T는 K 그리고 분자량 M은 g/mole를 적용하면 (m[kg]=M/1,000N$_\text{A}$[kg], N$_\text{A}$[개/mole]는 아보가드로 수) 충돌률 f는 다음과 같이 표현할 수 있다.

$$f = \frac{P_{\text{Torr}}}{(2\pi k \, \text{TM}/1{,}000 \, \text{N}_\text{A})^{\frac{1}{2}}}$$

$$f = \frac{P_{\text{Torr}}}{\left(2\pi \times 1.036 \times 10^{-19} \left[\text{Torr} \cdot \frac{\text{cm}^3}{\text{K}} \right] \times \text{T} \, [\text{K}] \times \frac{\text{M}}{1{,}000\text{N}_\text{A}} [\text{kg}] \right)^{\frac{1}{2}}}$$

$$f = \frac{(1 \, [\text{Torr}])^{\frac{1}{2}} (1{,}000 \, \text{N}_\text{A})^{\frac{1}{2}}}{(2\pi \times 1.036 \times 10^{-19} \, [\text{cm}^3] \times \text{T} \, [\text{K}] \times \text{M} \, [\text{kg}])^{\frac{1}{2}}} \, P_{\text{Torr}}$$

$$f = \frac{(133.3\,[\text{Pa}])^{\frac{1}{2}}(1{,}000\,N_A)^{\frac{1}{2}}}{(2\pi \times 1.036 \times 10^{-19}\,[\text{cm}^3] \times T\,[\text{K}] \times M\,[\text{kg}])^{\frac{1}{2}}}\,P_{\text{Torr}}$$

$$f = \frac{(133.3\,[\text{kg} \times \text{m/s}^2/\text{m}^2])^{\frac{1}{2}}(1{,}000\,N_A)^{\frac{1}{2}}}{(2\pi \times 1.036 \times 10^{-19}\,[\text{cm}^3] \times T\,[\text{K}] \times M\,[\text{kg}])^{\frac{1}{2}}}\,P_{\text{Torr}}$$

$$f = \frac{(133.3\,[\text{kg}/(\text{s}^2 \cdot 100\,\text{cm})])^{\frac{1}{2}}(1{,}000\,N_A)^{\frac{1}{2}}}{(2\pi \times 1.036 \times 10^{-19}\,[\text{cm}^3] \times T\,[\text{K}] \times M\,[\text{kg}])^{\frac{1}{2}}}\,P_{\text{Torr}}$$

$$f = \frac{(133.3 \times 10\,/N_A)^{\frac{1}{2}}}{(2\pi \times 1.036 \times 10^{-19}\,[\text{cm}^3] \times T\,[\text{K}] \times M\,[\text{kg}])^{\frac{1}{2}}}\,P_{\text{Torr}}$$

$$f = 3.511 \times 10^{22}\,\frac{P_{\text{Torr}}}{(T\,[\text{K}] \times M\,[\text{kg}])^{\frac{1}{2}}}\,\text{Molecules}/(\text{cm}^2 \cdot \text{s})$$

1 m^2 넓이에 압력 1.33×10^{-4} Pa(1×10^{-6} Torr), 온도 300 K인 질소 기체의 충돌률은 대략 3.83×10^{18} 회이다. 즉 매 초 1 m^2 넓이에 3.83×10^{18} 회 충돌한다는 말이다. 계산을 편하게 하기 위해 질소 분자 1개의 크기를 대략 5Å라고 하면, 1 m^2 면적에 질소 분자를 4×10^{18} 개(1 cm^2 면적에는 질소 분자를 4×10^{14} 개) 배치할 수 있다. 즉 1.33×10^{-4} Pa 압력에서는 1초 만에 모든 표면을 질소 기체가 덮을 수 있다는 말이 된다. 이런 충돌에서 질소 분자의 극히 일부가 표면에 들러붙게 되더라도 표면은 금방 오염이 된다. [표 2.7]은 여러

가지 기체에 대한 충돌률을 표시했다.

표 2.7 여러 가지 기체의 충돌률(면적 1 cm², 초당 충돌 횟수)

온도 300 K		압력(Torr)			
기체명	분자량	1×10^{-6}	1×10^{-3}	1	760
H_2	2	1.433×10^{15}	1.433×10^{18}	1.433×10^{21}	1.089×10^{24}
He	4	1.014×10^{15}	1.014×10^{18}	1.014×10^{21}	7.703×10^{23}
H_2O	18	4.778×10^{14}	4.778×10^{17}	4.778×10^{20}	3.631×10^{23}
N_2	28	3.831×10^{14}	3.831×10^{17}	3.831×10^{20}	2.911×10^{23}
Air	29	3.777×10^{14}	3.777×10^{17}	3.777×10^{20}	2.871×10^{23}
O_2	32	3.583×10^{14}	3.583×10^{17}	3.583×10^{20}	2.723×10^{23}
Ar	40	3.205×10^{14}	3.205×10^{17}	3.205×10^{20}	2.436×10^{23}
CO_2	44	3.056×10^{14}	3.056×10^{17}	3.056×10^{20}	2.323×10^{23}

충돌률을 질량으로 고쳐보면 다음과 같이 표현할 수 있다.

$$f \to mf = m \times 2.634 \times 10^{24} \frac{P_{Pa}}{(TM)^{\frac{1}{2}}}$$

$$= \frac{M}{1,000\,N_A} \times 2.634 \times 10^{24} \frac{P_{Pa}}{(TM)^{\frac{1}{2}}}$$

$$= 4.375 \times 10^{-3} \times P_{Pa} \times (M/T)^{\frac{1}{2}} \ [kg/(m^2 \cdot s)]$$

여기서, 단위를 압력 P는 Pa, 절대온도 T는 K, 그리고 분자량 M은 g/mole를 적용하면 된다(m[kg]=M/1,000N$_A$[kg], N$_A$[개/mole]는 아보가드로 수). 충돌률의 단위를 바꾸어 압력 P를 Torr로 바꾸면 다음과 같이 표시될 수 있다.

$$f \rightarrow mf = m \times 3.511 \times 10^{22} \frac{P_{Torr}}{(TM)^{\frac{1}{2}}}$$

$$= \frac{1,000\,M}{1,000\,N_A} \times 3.511 \times 10^{22} \frac{P_{Torr}}{(TM)^{\frac{1}{2}}}$$

$$= 5.832 \times 10^{-2} \times P_{Torr} \times (M/T)^{\frac{1}{2}}\ [g/(cm^2 \cdot s)]$$

여기서, 단위를 압력 P는 Torr, 절대온도 T는 K 그리고 분자량 M은 g/mole를 적용하면 된다.

:: 기체의 수송 현상

기체의 수송 현상은 점성Viscosity, 열전도Thermal Conduction, 확산Diffusion 등의 세 가지의 거시적 특성들로 설명된다. 점성은 기체의 층 밀림 응력을 통한 마찰력의 전달에 대한 특성이고, 열전도는 기체의 열류를 통한 열에너지의 전달 특성이며, 확산은 기체 속에서 특정 개별 입자들의 퍼짐에 대한 영향에 대한 특성이다.

기체에 의한 마찰력과 열에너지의 수송의 개념을 이해하기 위해 [그림 2.13]과 같이 거리 x만큼 떨어진 두 개의 판을 생각해보자. 기체의 수송 특성들은 평균자유행로 l과 두 판 사이의 거리 x의 비율로 결정된다. 비율 l/x가 1보다 크면 그 시스템은 분자 영역에 있는 것이다. 분자 영역에서는 기체 분자들은 서로 충돌하지 않고 한 판에서 다른 판으로 자유롭게 움직인다. 한편 압력이 증가하면, 즉 입자 수 밀도가 증가하면 더 많은 입자들이 수송에 참여하게 된다. 따라서 수송능력은 압력에 비례하여 증가한다. 이번에는 비율 l/x가 1보다 작아지면 그 시스템은 점성흐름 영역에 있는 것이다. 각각의 기체 입자는 이제 한 판에서 다른 판을 향해 움직일 때 얼마 가지 못해 다른 입자와 충돌한다. 이런 충돌로 인해 수송하던 물리량(에너지, 운동량)의 일부만이 진행 방향으로 전달되고 나머지 부분은 뒤로 전달된다. 따라서 충돌은 한 판에서 다른 판으로의 수송 과정을 저해하게 된다. 압력이 올라가면 기체 입자 수는 증가하나 평균자유행로는 감소한다. 이는 더 많은 충돌을 일으켜서 운동량과 에너지의 수송을 방해한다. 결과적으로 점성흐름 영역에서 기체의 수송 특성

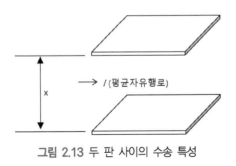

그림 2.13 두 판 사이의 수송 특성

(점성과 열전도)은 압력과 무관하게 된다. 기체의 흐름은 추후 누센 수를 통해 더 설명하겠다.

[그림 2.14]는 20℃ 공기에 대한 기체 운동학 그래프를 나타낸 것이며, 압력 증가에 따라 입자 수 밀도와 충돌률은 증가하고, 평균자유행로는 짧아진다. 기체의 점성은 온도의 증가에 따라 증가하는데, 이는 기체 분자가 빨리 움직일수록 운동량의 수송이 많아지기 때문이다. 반면에 액체의 점성은 온도가 증가하면 감소한다.

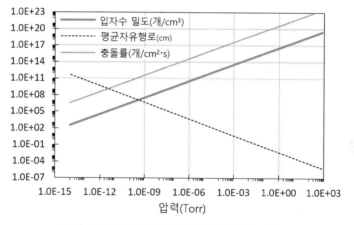

그림 2.14 20℃ 공기에 대한 기체 운동학 그래프

열은 두 물체 사이의 온도차에 의해서 온도가 높은 곳에서 낮은 곳으로 이동하게 된다. 이런 열전달은 기체의 경우 기체 분자의 운동 에너지에 의한 것이며, 두 물체 사이의 온도가 같아질 때까지 계속된다. 열전달 현상은 크게 전도Conduction, 대류Convection, 복사Radiation 이 세 가지로 구분한다.

열전도Thermal Conduction는 기체 분자의 상호 충돌에 의한 직접 접촉으로 한 분자에서 다른 분자로 운동 에너지가 전달되는 현상이며, 시간이 경과하면 온도차는 없어지고 결국 동일한 온도로 열평형 상태에 이르게 된다. 이런 현상은 열이 고온의 물체에서 저온의 물체로 이동하여 발생하며, 열전도의 정도를 나타내는 양을 열전도율Thermal Conductivity이라고 한다. 일반적으로 열전도율은 금속이 높으며, 기체에서는 낮은데, 이는 기체의 경우 고체보다 단위부피당 분자 수가 적어 충돌이 적게 발생하기 때문이다. 기체의 경우 압력이 높으면 열전도율은 압력에 거의 무관하지만, 압력이 낮으면 열전도율이 압력에 비례하게 된다. 이는 압력이 아주 낮은 경우, 진공용기의 크기보다 평균자유행로가 길어져서 에너지가 운반되는 경로의 길이가 용기의 크기에 의해 결정되며, 운반되는 에너지는 운반체인 기체 분자 수에 비례하여 증가하기 때문이다.

대류는 기체 또는 액체 분자의 밀도 차에 의해 열이 이동하여 전달되는 현상이다. 기체 분자의 온도가 증가하면 기체 분자의 운동이 활발해지며, 기체가 팽창하여 분자들 사이에 평균 거리가 증가하기 때문에 기체 밀도가 작아진다. 밀도가 작아진 기체는 위로 올라가고 밀도가 높은 기체들은 아래로 내려오면서 이런 대류 현상이 발생한다.

복사열에너지는 기체나 액체 분자와 같은 중간 매질을 거치지 않고 가시광선, 적외선 그리고 자외선과 같은 전자파의 형태로 전달될 수 있다. 이와 같이 전자파에 의해 열이 전달되는 현상을 복사라고 한다. 복사 에너지는 단위 표면적에 단위시간당 복사되는 총 에너지로 표현되는데, 스테판-볼쯔만 법칙Stefan-Boltzmann Law으로 산출할 수 있으며, 다음과 같이 나타낸다.

$$\text{복사에너지} \quad J = \sigma T^4$$

여기서, σ는 스테판-볼쯔만 상수(5.67×10^{-12} [W/(K$^4 \cdot$ cm^2)])이고, T는 절대온도이다. 위 식에서와 같이 복사에너지는 절대온도의 4제곱에 비례한다.

진공 시스템에서는 기체 분자가 적기 때문에 이런 복사열이 가장 중요한 열전달 방식이며, 전도나 대류를 통한 열전달은 적은 편이다. 진공이라도 기체 분자가 존재하기 때문에 저진공 영역에서는 전도나 대류를 통한 열전달이 발생한다.

확산Diffusion은 매질 속에서의 입자의 운동 현상이다. 예를 들어 방 안에서 향수의 병뚜껑을 열면 얼마 후 어느 정도 떨어진 곳에서도 향수 냄새가 느껴진다. 개별 기체 분자들의 높은 속도에도 불구하고 향수 향기의 전파는 오랜 시간이 걸린다. 이것은 공기 중에서 향수 분자의 평균자유행로가 짧고, 공기 기체 분자와의 충돌로 방향이 바뀌기 때문이다. 따라서 향수 분자의 경로는 갈지자 형식이고 원래의 위치에서부터 거리가 멀어질수록 확산은 매우 느리게 일어난다.

[그림 2.15]에 기체 1과 기체 2가 차단 상태에서, 개방 상태로 바뀜에 따라 각각 퍼져 혼합되는 과정을 보여준다. 오랜 시간이 지나면 기체 1과 기체 2는 완전히 섞여서 같은 비율이 된다.

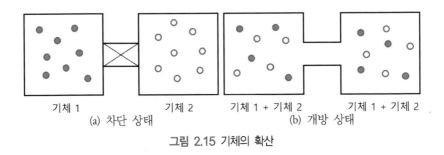

기체 1	기체 2	기체 1 + 기체 2	기체 1 + 기체 2

(a) 차단 상태   (b) 개방 상태

그림 2.15 기체의 확산

이번에는 기체 종류 2 안에서 기체 종류 1이 확산하는 경우를 생각해보자. 기체 2는 공간을 균일하게 채우고 있다(균일한 입자 수 밀도를 가짐). 기체 1이 임의 공간에 첨가되는 경우, 초기에는 공간 내 기체 1의 분포는 균일하지 않고 추가된 기체 1의 입자 밀도를 n_1이라고 할 때 입자 밀도에 구배가 생기므로, 기체 입자들의 운동결과 입자 밀도의 구배와 반대 방향으로 흐름이 형성되게 된다. 간단한 계산을 위해 입자 밀도가 1차원, z축 방향에서만 변한다고 가정하자. 픽의 제1차 법칙Fick's First Law은 시간에 따라 농도가 변하지 않는 정상 상태의 경우에 있어 확산에 대한 해석이며, 기체 1의 입자와 표면과의 관계에서 단위시간에 단위면적을 통과하는 원자의 수, 즉 입자 유량 F를 기술해준다. 입자 유량 F는 다음과 같다.

$$F = D_{12} \frac{dn_1}{dz}$$

여기서, D_{12}는 기체 2 내의 기체 1의 확산계수, n_1는 기체 1의 입자 밀도이다. 상기 식에서 확산의 양은 거리에 따른 입자 밀도(즉 농도)가 클수록 커지며, 거리가 가까울수록 확산이 증가한다는 의미이다. 낮은 압력(분자영역)의 경우 입자와 입자 간의 충돌은 무시할 만하다. 그래서 낮은 압력에서는 실질적인 확산은 일어나지 않고 흐름을 형성한다. 압력이 높은 점성 영역에서는 기체 입자의 속도 v와 평균자유행로 l가 증가하면 입자의 확산 움직임도 활발해진다. 따라서 정성적으로 확산계수는 다음과 같이 된다.

$$D_{12} \approx v \times l \approx \frac{4}{3\pi} \times \frac{(v_1^2 + v_2^2)^{\frac{1}{2}}}{(n_1 + n_2)(d_1 + d_2)^2}$$

여기서, v_1은 기체 1의 평균속력, v_2는 기체 2의 평균속력, n_1은 기체 1의 입자 밀도, n_2는 기체 2의 입자 밀도, d_1은 기체 1의 입자 직경, d_2는 기체 2의 입자 직경이다. [표 2.8]에는 20℃, 1기압 공기 내 여러 기체 종의 확산 계수를 실험값과 계산값으로 표시하였다.

표 2.8 20 ℃, 1기압 공기 내 여러 기체 종의 확산 계수(Karl Jousten)

기체 종류	확산계수 $D^{12}(10^{-5}\ m^2/s)$ 실험값	확산계수 $D^{12}(10^{-5}\ m^2/s)$ 계산값
H_2	7.2	7.4
He	7.1	6.5
H_2O	2.5	1.9
Ne	3.2	3.1
N_2	2.2	2.0
O_2	2.0	2.0
Ar	1.9	1.9
CO_2	1.5	1.5
Kr	1.5	1.5
Xe	1.2	1.2

:: 증기압

증기압Vapor Pressure은 액체 또는 고체에서 증발하는 압력이다. 같은 물질이라도 온도가 높아지면 증기압이 높아진다. 균일한 온도를 유지하는 챔버(용기)에서 분자들은 몇 가지 상태로 존재한다. 즉 기체, 액체 그리고 고체 상태로 존재하게 된다. [그림 2.16]과 같이 용기에 담긴 액체 표면에서 분자들이 운동을 하는데, 기체 분자들이 액체나 고체 상태로 돌아가는 비율과 액체나 고체 상태 분자들이 기체(증기)로 되는 비율이 같으면 평형이 이루어진다. 이런 평형 상태의 증기압을 포화 증기압Saturated Vapor Pressure이라고 한다. 모든 원소(기체)들은 고유의 포화 증기압을 가지고 있다. [그림 2.17]에 여러 가지 기체들의 증기

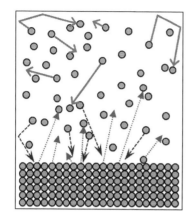

⟶	기체 분자의 불규칙한 운동
┈┈▸	액체(고체) 분자가 기체 분자로 돌아감
----▸	기체 분자가 액체(고체) 분자로 돌아감

그림 2.16 챔버(용기)에서의 분자들의 운동

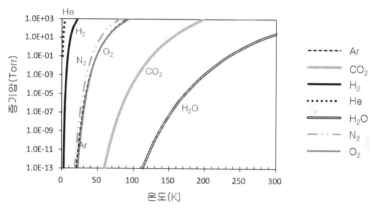

그림 2.17 여러 가지 기체들의 증기압 곡선

압 곡선을 표시하였다. 대부분의 기체 분자들이 상온에서 기체로 존재한다.

물질은 온도와 압력에 의해 상Phase이 변화하는데, 기체에 아무리 압력을
가해도 액체가 되지 않는 온도가 있으며, 이 온도를 임계온도라고 한다. 임계

온도 이상에서의 상태를 기체Gas라고 한다. 임계온도 이하에서는 증기압 곡선보다 높은 압력에서는 액체가 되고, 증기압 곡선보다 낮은 압력에서는 증기Vapor가 된다. 질소는 임계온도가 −147°C(126 K), 임계 압력(34 atm)이므로 상온에서는 항상 기체 상태로 존재한다.

[그림 2.18]에 물의 증기압 곡선을 표현하였다. 물의 임계온도와 임계 압력은 374°C, 219 atm이다. 즉 374°C 이하에서는 물기체가 아니고 물중기(수증기)라고 부른다. 23°C 상온(300 K), 1기압에서는 물은 액체 상태로 존재하며, 물의 증기압 곡선보다 낮은 압력이 되면 물중기가 된다. 온도가 0°C(273 K)보다 낮은 상태에서, 물의 증기압 곡선보다 낮은 압력이 되면 물중기가 되고, 물의 증기압 곡선보다 높은 압력이 되면 얼음Ice이 된다. 1기압(760 Torr)에서 물의 증기압 곡선보다 높은 온도가 되면 물중기가 되고, 0°C(273 K)~100°C(373 K) 사이 온도면

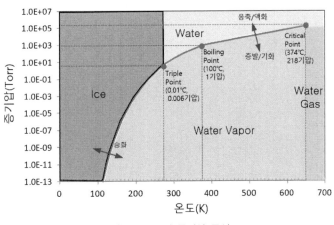

그림 2.18 물의 증기압 곡선

액체 상태 물이 되고, 이보다 낮은 온도가 되면 고체 상태 얼음이 된다.

증기압은 온도가 상승함에 따라 빠르게 증가한다. 증기압과 온도와의 관계를 나타내는 경험식을 안토인Antoine이 제시하였다. 물에 대한 안토인 식 Antoine Equation은 다음과 같다.

$$물(Water)의 \ Antoine(안토인)식 \ LnP = A - \frac{B}{C+T}$$

여기서, P는 압력[Torr], T는 절대온도[K], A=18.30, B=3816.44, C=−46.13이다.

[그림 2.19]에 지구상의 일반 대기 온도 범위에서의 물의 증기압 곡선을 다시 표시하였다. 일반 대기 온도 범위에서 고진공 영역에서는 항상 물중기(수중기)로 존재한다. 반면 저진공 영역에서는 온도가 내려가면 얼음으로, 반대로 온도가 올라감에 따라 액체로, 물중기로 상이 변할 수 있다.

이번에는 표면 기화율과 표면 응집률을 생각해보자. 앞에서 포화 증기압에서 진공 시스템은 액체나 고체 표면에서 방출되는 입자들과 기체 상태에서 표면을 쳐서 응집되는 입자들 간의 정상 평형 상태가 이루어진다. 즉 표면 기화율과 표면 응집률이 같다. 표면 응집률은 응집 확률과 충돌률로 계산한다.

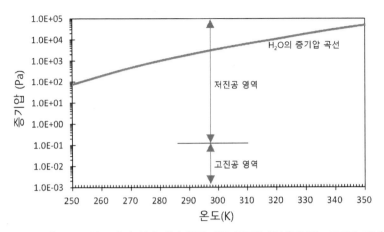

그림 2.19 물(H_2O)의 일반 대기 환경 내의 증기압 곡선(저진공, 고진공 구분)

$$\frac{\text{기화하는 입자들}}{\text{면적} \times \text{시간}} = \frac{\text{응집하는 입자들}}{\text{면적} \times \text{시간}} = \sigma \times f$$

여기서, σ는 응집확률, f는 충돌률이다. 물의 경우 근사적으로 응집확률 σ는 0.02이다. 표면 기화율은 다음과 같다.

$$\sigma \times \frac{1}{4} n \bar{v} = \sigma \times \frac{P_s \bar{v}}{4kT}$$

여기서, n은 입자 수 밀도, P_s는 포화증기압, $\bar{v}$는 평균속도, k는 볼쯔만 상수, T는 절대온도이다. 단위면적과 단위시간당 손실되는 질량은 입자 질량 m을 곱하여 얻는다. 즉 다음과 같은 식이 된다.

$$\frac{\text{증발하는 질량}}{\text{면적} \times \text{시간}} = \sigma \frac{P_s \bar{v} m}{4kT} = \sigma \frac{P_s m}{(2\pi kTm)^{\frac{1}{2}}}$$

$$= \sigma P_s \left(\frac{m}{2\pi kT}\right)^{\frac{1}{2}}$$

앞에서 구한 충돌률에 대한 질량 환산식과 동일한 결과를 얻는다.

공기와 액체 표면 사이에 증발이 얼마나 발생하는가를 랭뮤어Langmuir가 정리했는데, 이 식은 랭뮤어 증발식Langmuir's Evaporation Equation이다. 공기 중의 압력이 얼마일 때 증발 속도Evaporation Rate는 다음과 같다.

$$\text{공기 중의 증발 속도 } \frac{dM}{dt}$$

$$= (P_s - P_p)\left(\frac{m}{2\pi kT}\right)^{\frac{1}{2}} [kg/(m^2 \cdot s)]$$

여기서, P_s는 주어진 온도에서의 포화 증기압[Pa], P_p는 증발 표면에 작용하는 압력[Pa], m은 mole당 질량[kg/mole], k는 볼쯔만 상수[8.314 J/mol · K], T는 액체 표면 절대온도[K]이다.

[그림 2.20]에 물의 증발 속도를 표시하였는데, 물의 경우 상온에서는 고진공에서나 저진공에서나 증발 속도는 비슷한 것으로 나타난다. 랭뮤어 식은 다른 변수는 생략된 단순화된 증발식이다. [그림 2.21]은 몇 가지 온도별 분위기 압력에 따른 물의 증발 속도를 나타내었다. 온도가 증가함에 따라 물의 증

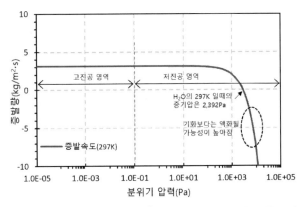

그림 2.20 물(H_2O)의 압력별 증발 속도(Langmuir Evaporation Equation 활용)

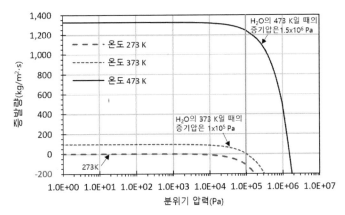

그림 2.21 물(H_2O)의 온도별, 압력에 따른 증발 속도(Langmuir Evaporation Equation 활용)

발량이 크게 증가한다. 즉, 물을 가열하면 수분을 효과적으로 제거할 수 있다.

그림에서 온도 증가에 따라 물에 대한 증발량이 크게 나오지만, 실제 고체 표면

에 붙어 있는 물분자의 경우 물리적 흡착력이 크고, 응집확률이 작으며, 물이

증발할 때 남아 있는 물로부터 증발열을 빼앗는다는 점을 무시했으므로, 랭뮤

어 식 정도의 증발량이 발생하지는 않는다고 봐야 한다. 하지만 가열의 효과는 크다고 볼 수 있다.

증기의 부분압과 포화증기압의 비를 포화율이라고 한다. 공기 속 수증기의 경우 이것은 상대 습도Relative Humidity에 해당한다.

$$상대 ~ 습도 = \frac{수증기의 ~ 부분압}{수증기의 ~ 포화수증기압} \times 100 ~ [\%]$$

만약 상온(300 K)인 경우 수증기의 포화수증기압은 대략 3,510 Pa인데, 공기 중 포함된 수증기의 부분압이 1,000 Pa이라고 하면, 상대 습도는 다음과 같이 계산된다.

$$상대 ~ 습도 = \frac{1,000 ~ Pa}{3,510 ~ Pa} \times 100 ~ [\%]$$
$$= 28.5 ~ \%$$

:: 유량, 기체 방출률

유량Flow Rate은 단위시간당 일정 단면을 지나가는 그 무엇의 양을 뜻한다. 그 무엇을 부피, 분자 수, 질량 그리고 방출률 등으로 표기할 수 있으며, 다음과 같이 표현된다.

−부피 : S [L/s]   →   부피 유량 또는 배기 속도

−분자 수 : Γ [개/s]   →   분자 수 유량

−질량 : M [gram/s]   →   질량 유량

−방출률 : Q [Torr · L/s]   →   에너지 Flux, 방출률[압력×배기 속도]

진공에서 유량은 압력과 온도에 따라 달라진다. 그래서 방출률이라는 개념을 도입하여 표기한다. 우리는 일반적으로 부피 유량을 많이 사용하는데, 진공 펌프가 배기하는 기체 또는 증기의 양을 부피 유량으로 표기하면, 부피가 온도와 압력에 따라 달라지기 때문에 실제 진공 펌프가 배기하는 양을 정확히 알 수 없다. 방출률은 각각의 압력에서 진공 펌프가 배기할 수 있는 기체 또는 증기량을 표준조건(0℃, 1기압)으로 환산하여 해당 압력에 표기한 것이다. 방출률은 압력에 배기 속도를 곱한 값으로 나타난다. 즉 기체 방출률Outgassing Rate Q는 다음과 같은 식으로 표시된다.

$$Q = P \times S$$

여기서, P는 압력, S는 배기 속도다. [그림 2.22]는 배기 속도가 일정한 경우의 압력과 방출률의 관계인데 압력이 증가함에 따라 방출률도 선형적으로 증가

한다.

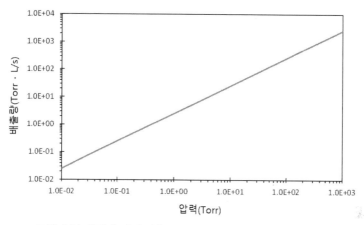

그림 2.22 압력과 기체 방출률의 관계(배기 속도가 일정할 경우)

[표 2.9]와 같이 압력이 1 Torr일 때 배기할 수 있는 기체 또는 증기의 부피 유량이 2.5 L/s라면, 방출률은 1 Torr×2.5 L/s=2.5 Torr×L/s이며, 대기압에 서는 (2.5/760) Torr×L/s, 즉 기체/증기량은 0.003 Torr×L/s이 된다. sccm 단 위로 환산하면 200 sccm가 된다. 1 sccm은 표준조건인 0°C, 1기압에서 분당 1 cc의 흐름이 있다는 것을 말한다(1 sccm=0.0127 Torr×L/s). 다음과 같이 계산된다.

$$1\ \text{sccm} = 760\ \text{Torr} \times \frac{1\,\text{L}}{1{,}000} \times \frac{1}{60\ \text{s}}$$

$$= 0.0127\ \text{Torr} \cdot \text{L/s}$$

표 2.9 배기 속도가 일정할 때의, 압력 변화에 따른 방출률의 변화

구분	P(압력)	Q(기체 방출률)		S(배기 속도)	
	Torr	sccm	Torr·L/s	L/s	m³/hr
가	0.01	2	0.0253	2.53	9.1
나	1.00	200	2.53	2.53	9.1
다	100	20,000	253	2.53	9.1

방출률은 여러 가지 다른 단위로 변환될 수 있다. [표 2.10]에 기체 유동의 몇 가지 단위를 나열하였다. 1 sccm에서 압력을 Torr 단위가 아닌 Pa 단위로 쓰고, 부피를 L이 아닌 m³으로 바꾸면 20°C에서의 방출률은 다음과 같다.

표 2.10 기체 유동에 대한 몇 가지 단위. 표준이라는 말은 표준 상태(1기압, 즉 101,325 Pa, 0 ℃)를 뜻함

단위 기호	변환		정의
Pa·m³/s	=1	Pa·m³/s	1 Pa·m³/s의 PV 유동
mbar·L/s	=0.1	Pa·m³/s	1 mbar·L/s의 PV 유동
Torr·L/s	=0.133322	Pa·m³/s	1 Torr·L/s의 PV 유동
atm·cm³/s	=0.101325	Pa·m³/s	1 atm·cm³/s의 PV 유동
sccm	=0.001689	Pa·m³/s	표준 cm³/min의 유동
slm	=1.689	Pa·m³/s	표준 L/min의 유동 =10^3 sccm

$$1 \text{ sccm} = 101,325 \text{ Pa} \times \frac{1 \text{ L}}{1,000} \times \frac{1}{60 \text{ s}} \times \frac{293.15 \text{ K}}{273.15 \text{ K}}$$

$$= 101,325 \text{ Pa} \times \frac{1 \text{ L}}{1,000} \times \frac{1 \text{ m}^3}{1,000 \text{ L}} \times \frac{1}{60 \text{ s}} \times \frac{293.15 \text{ K}}{273.15 \text{ K}}$$

$$= 1.81 \times 10^{-3} \text{ Pa·m}^3/\text{s} \, (20°C)$$

진공에서의 기체 방출률을 좀 더 쉽게 이해하기 위해서 물을 배출할 때와 공기를 배출할 때를 비교해보자. [그림 2.23]과 같이 물의 배출 그림을 보면 대기압 상태에서 시간 t_0일 때는 용기에 물이 가득 차 있다가, 시간 t_1일 때는 물의 양이 반으로 줄어든다. 용기에 물의 양이 감소하면 물이 빈 공간에 퍼지는 것이 아니라 빈 공간은 공기가 채우게 된다. 물의 밀도는 변하지 않기 때문에 물의 부피 변화를 배출량이라고 할 수 있다. 반면 [그림 2.24]와 같이 기체의 배출 그림을 보면, 용기에서 기체를 배기하면 빈 공간을 나머지 기체들이 채워버리게 되며 부피는 변함이 없고 공기의 밀도만 희박해진다. 그러므로 기체의 배출은 물의 배출에서와 같이 단위시간당 배출량을 부피의 변화로 나타낼 수 없고, 변화하는 밀도 또는 압력을 감안해주어야 한다. 그래서 시간당 부피의 변화에 압력을 곱한 값이 기체의 배출량이 된다. 만약 물 펌프와 진공 펌프의 시간당 배출 능력이 같다고 하고(진공 펌프의 경우, 배기 속력이 압력에 따라 달라지는데 여기서는 압력에 따라 일정하다고 가정한다), 물 펌프가 시간 0~t_1 동안에 물의 반을 배기할 수 있다면, $2t_1$시간이면 용기의 물을 모두 배출할 수 있다. 하지만 진공 펌프는 시간 0~t_1 동안에 기체의 1/2을 배기할 수 있지만, $2t_1$시간이면 기체의 1/2＋1/4, $3t_1$시간이면 1/2＋1/4＋1/8, $4t_1$시간이면 1/2＋1/4＋1/8＋1/16로 기체의 양은 모두 없어지지 않고 계속 남게 된다. 이와 같이 기체를 배출할 때는 압력을 감안하여 배출량을 산출해야 한다.

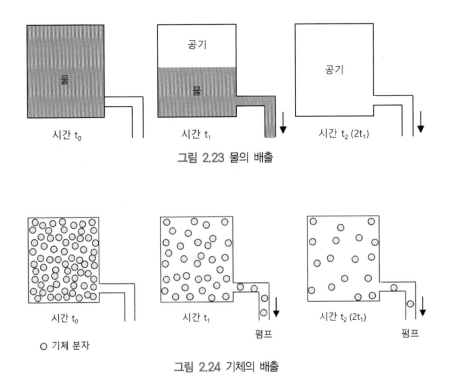

그림 2.23 물의 배출

그림 2.24 기체의 배출

○ 기체 분자

:: 기체 흐름

진공 용기로부터 기체 분자를 빼내기 위해서는 기체 흐름Gas Flow을 이해 해야 한다. 진공 시스템에서 임의 길이의 튜브 내에서 발생하는 유동은 튜브 의 압력과 단면 규격에 따라서 크게 세 가지 영역으로 나눌 수 있다. 즉 세 가지 유동 영역은 점성 유동Viscous Flow, 분자 유동Molecular Flow 그리고 점성 유동과 분자 유동 사이의 유동 상태인 전이 유동Transitional Flow이다. 진공 시스템에서 대기압에서 고진공을 형성할 때까지 점성 유동, 전이 유동 그리고 분자 유동을 경유하게 된다. 대체로 10^{-2} Torr 이상의 비교적 높은 압력 공간에서 기체 분자들은 점성 유동을 하며, 마치 유체와 같은 거동으로 움직인다. 이에 반해 분자 유동은 유체 유동에서 진공 용기의 압력을 더욱 낮추게 되면, 기체 분자의 존재가 적어지고 분자들 사이의 거리는 더욱 멀어지며 상호 영향은 거의 없어진다. 분자 유동에서 기체 분자들은 압력의 영향을 받지만, 분자들 사이에 움직임은 불규칙적이다. 기체 흐름의 성질은 평균자유행로와 진공 시스템의 기하학적 특성, 즉 크기와 관련되며, 이들 사이의 비율은 누센 수Knudsen Number, K_n라고 한다.

$$\text{누센 수} \quad K_n = \frac{l}{d}$$

여기서, l은 평균자유행로이고, d는 진공 시스템에서 배기관의 지름이다. 점성 유동 상태는 다음의 기준으로 정의된다.

$$\text{누센 수} \quad K_n < 0.01$$

분자 유동 상태는 다음과 같다.

누센 수 $K_n > 1$

점성 유동 상태와 분자 유동 상태 사이의 유동 상태는 전이 상태Transitional Flow 또는 누센 유동Knudsen Flow이라고 한다.

누센 수가 $0.01 < K_n < 1$ 사이값을 갖는다

점성 유동에서 기체 흐름 형태를 유동의 속도로 구분해볼 수 있는데 난류 Turbulent Flow와 층류Laminar Flow로 나누어진다. 기체의 속도가 어떤 특정한 값보다 크면 기체 흐름이 난류가 된다. 난류는 대기압에서 진공으로 배기하는 순간 기체의 속도가 순간적으로 빠를 경우 일어나는 불규칙한 기체 흐름이다. 이러한 흐름은 유체의 흐름과 유사하다. 난류가 발생할 때는 큰 소음이 발생하기도 한다. 초기 진공 펌프로 배기를 시작한 후 수 초에서 수십 초 간 발생할 수 있다. 기체의 속도가 어떤 측정한 값보다 작은 경우는 기체 흐름이 층류가 되어 기체 흐름이 나란하게 되어 그 속도가 배관의 벽에서부터 중심축 방향으로 커진다. [그림 2.25]에 난류, 층류, 전이류 그리고 분자류의 흐름을 그림으로 표현하였다.

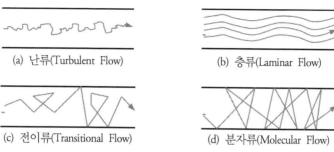

(a) 난류(Turbulent Flow)　　(b) 층류(Laminar Flow)

(c) 전이류(Transitional Flow)　　(d) 분자류(Molecular Flow)

그림 2.25 여러 가지 종류의 기체 흐름

난류의 발생에 대한 기준은 유동 속도와 단면에서의 마찰력(점성계수 η 에 비례)과 질량의 관성(기체 밀도 ρ 에 비례)의 비율을 이용한다. 전형적으로 레이놀드 수Reynold Number가 기준으로 사용된다. 레이놀드 수는 다음과 같이 표현된다. 무차원의 값이다.

$$R_e = \frac{\rho \overline{v} d}{\eta}$$

여기서, ρ 는 기체 밀도, $\overline{v}$ 은 평균속도, d는 진공 시스템에서 배기관의 지름이다. 난류 상태는 다음과 같다.

$$R_e > 2,300$$

층류 상태는 다음과 같다.

$$R_e < 1,100$$

이상의 기준으로 [표 2.11]에 점성류, 전이류 그리고 분자류를 구분해보았다.

표 2.11 점성류, 전이류 그리고 분자류 구분(K_n은 누센 수, R_e은 레이놀드 수)

기체 흐름		조건
점성류 (Viscous Flow)	난류(Turbulent Flow)	$K_n < 0.01$ $R_e > 2,300$
	층류(Laminar Flow)	$K_n < 0.01$ $R_e < 1,100$
전이류(Transitional Flow)		$0.01 < K_n < 1$
분자류(Molecular Flow)		$K_n > 1$

:: 기체와 고체 표면의 반응

기체가 고체 표면에서 일어나는 반응에 대해서 고찰해보자. [그림 2.26]을 보면 흡착과 탈착 과정들의 개념을 이해할 수 있다. 기체나 증기가 고체 표면과 접촉하여 상호작용으로 표면에 달라붙는 현상을 흡착Adsorption이라고 한다. 물리화학적으로 흡착되는 기체 분자를 흡착질Adsorbate이라 하며, 흡착을 만드는 고체를 흡착제 또는 흡착매Adsorbent라고 한다. 기체가 고체 표면에 흡착되는 방식에는 두 가지가 있는데, 하나는 물리 흡착Physisorption이고 다른 하나는 화학 흡착Chemisorption이다. 물리 흡착Physisorption은 흡착질과 흡착매 사이에 이중극 힘Dipole Force이나 반데르발스 힘Van der Waals Force에 의해 기체 분자가 해당 표면에 붙는다. 물리 흡착은 매우 약한 결합력을 가지며, 기체 분자에 아무런 변형을 가하지 않는다. 이런 힘들로 인한 결합에너지를 흡착 에너지Heat of Adsorption E_{ad}(또는 흡착열)라고 한다. 반데르발스 힘 같은 물리 흡착의 경우 입자당 흡착열은 0.25eV 이하로 매우 약한 결합이다. 화학 흡착은 흡착 입자들이 표면 입자Surface Particle들과 전자를 교환하며 화학적으로 반응하여 화학양론적 결합을 하며, 흡착 에너지값(흡착열)이 화학 반응에너지값까지 커진다. 이런 경우 물리 흡착보다 매우 강하게 결합하여, 흡착열은 입자당 약 2 eV 정도가 된다. 흡착된 입자들은 흡착 모재 속을 확산할 수 있고, 흡착된 입자들은 고체의 내부로 녹아들어가 용해되기도 하는데, 이 과정을 흡수Absorption라고 한다. 탈착Desorption은 흡착과 반대되는 현상으로 열이나 에너지로 인해 표면에 붙어 있는 기체 분자가 고체로부터 벗어나 공간으로 나오는 과정이다. 일반적으로 열탈착Thermal Desorption이라고 한다. 흡착 입자들이 탈착되기 위해서는 탈착 에너지Heat of Desorption E_{des}가 필요한데 이 에너지는 흡착 에너지 E_{ad}와 그 양이 같다. 물리 흡착에 대해서는 분자 탈착 에너지들이 E_{des}~40 kJ/mol(입자당 약 0.4 eV) 미만이고, 화학 흡착의 경우는 분자 탈착

에너지가 $E_{des} \sim$ 80kJ/mol에서 800 kJ/mol(입자당 약 0.8 eV에서 8 eV)이다. 화학 흡착에 의한 결합력들은 물리 흡착에 의해 생기는 결합력들에 비해 대략 10배 정도 더 강하다. 참고로 실온 상태 기체 분자의 평균 열운동 에너지는 대강 0.025 eV이다.

확산Diffusion은 물질이 원자나 분자의 무질서한 열운동을 통해 농도Concentration가 높은 영역에서 낮은 영역으로 평균적으로 이동하는 현상이다. 표면에서 발생하는 표면 확산은 흡착된 기체가 표면과의 상호작용으로 이동도에 따라 확산하는 현상으로서, 표면 확산은 흡착층과 반응하여 형성되는 증착막이나 결정성장에 매우 중요한 역할을 한다.

진공 시스템에서 압력을 낮추어 고진공을 형성하기 위해서는 고체 표면에 흡착된 기체나 흡수된 기체를 반드시 제거해야 한다. 흡착이나 흡수되어 있는 기체 분자를 표면에서 공간으로 나오게 하는 현상을 총칭하여 기체 방출Outgassing이라고 한다. 기체 방출의 대표적인 과정이 탈착이다.

흡수Absorption된 기체가 고체로부터 진공으로 빠져 나오는 데 걸리는 시간은 같은 종류의 표면 흡착Adsorption된 기체가 방출되는 데 걸리는 시간에 비해 매우 길다. [표 2.12]는 흡착 모재에 따른 흡착물의 흡착 에너지를 표현하였다. 진공 용기의 재료가 스테인리스 스틸Stainless Steel이라면 하면 진공 용기 표면에 흡착된 물(H_2O)의 흡착 에너지는 약 1 eV 정도 된다.

표 2.12 흡착 모재에 따른 흡착물의 흡착 에너지 E_{ad}*(1 eV=96.2 kJ/mol)

(단위 : eV)

흡착물	흡착 모재							
	Ti	Fe	Ni	Pd	Ta	W	Al 6063	SUS
H_2		1.4	1.3	1.1	2.0	1.9		
O_2/O	10.8	5.5~6.2	5.5	2.4~2.9	9.5	8.4~9.6		
N_2/N		3.0			6.0	4.2		
CO	6.7~6.9	2.0	1.3~1.8	1.8	5.8	3.6		
CO_2	7.1	2.6	1.9		7.3	4.7		
H_2O							0.82~1.05	0.89~1.08

* 흡착 에너지 E_{ad}는 표면 덮기 $\Theta=0$인 경우 흡착물(adsorbate)의 탈착 에너지 E_{des}와 같다(Karl Jousten).

흡착과 탈착 과정에서 기체가 표면을 덮는 비율인 표면 덮기Surface Coverage 를 정의해보자. 흡착 단계에서 흡착 입자들은 한 개 층에서 조밀하게 정렬될 수 있다. 이 한 개의 분자층에서 단위면적당 흡착된 입자개수밀도 $\tilde{n}_{mono}$는 다음과 같이 주어진다.

$$\tilde{n}_{mono} = \frac{N}{A}$$

여기서, A는 흡착에 필요한 면적, N은 흡착에 필요한 면적 A 위에 인접한 입자 들의 개수이다.

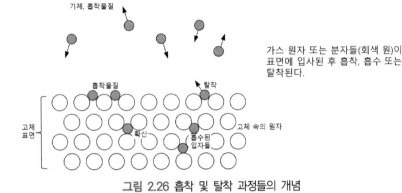

기체, 흡착물질

가스 원자 또는 분자들(회색 원)이 표면에 입사된 후 흡착, 흡수 또는 탈착된다.

흡착물질   탈착

고체 표면   확산   고체 속의 원자

흡수된 입자들

그림 2.26 흡착 및 탈착 과정들의 개념

보통 흡착 입자들은 한 개 층에 모두 조밀하게 정렬되지 않을 것이므로, 흡착된 입자개수밀도 $\tilde{n}$은 단위면적당 흡착된 입자개수밀도 $\tilde{n}_{mono}$ 보다는 작다. 다시 말해서 $\tilde{n} < \tilde{n}_{mono}$ 이며 표면 덮기 Θ를 다음과 같이 정의한다.

$$\theta = \frac{\tilde{n}}{\tilde{n}_{mono}}$$

여기서, $\tilde{n}$은 흡착된 입자개수밀도, $\tilde{n}_{mono}$은 단위면적당 흡착된 입자개수밀도이다.

단위면적당 흡착된 입자개수밀도를 계산해보자. 흡착 분자 또는 원자의 반지름은 $r = 1.6 \times 10^{-10}$ m라고 하자. [그림 2.27]과 같이 조밀하게 정렬된 상태에서 한 입자는 A의 면적($ab = 2 \times 3^{1/2} \times r^2$)을 필요로 한다. N은 흡착에 필요

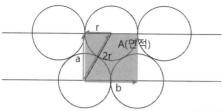

회색 면적은 표면적 A로서 두변 a, b
를 갖는 가장 작을 수 있는 사각 셀을
나타낸다. 면적 $A=ab=2 \times 3^{1/2} \times r^2$

그림 2.27 어떤 표면에서의 조밀하게 정렬된 원자들

한 면적 A 위에 인접한 입자들의 개수이다. 따라서 해당 층(단분자, 단원자)
내의 입자개수밀도는 다음과 같이 계산한다(면적 A 위에 인접한 입자가 1개
이다).

$$\tilde{n}_{mono} = \frac{N}{A} = \frac{1}{A} = [2 \times 3^{\frac{1}{2}} \times (1.6 \times 10^{-10})^2 \, m^2]^{-1}$$

$$= 1.13 \times 10^{19} m^{-2} = 1.13 \times 10^{15} \, cm^{-2}$$

여기서, N은 흡착에 필요한 면적 A 위에 인접한 입자들의 개수, A는 조밀하게
정렬된 상태에서 한 입자의 면적이다. 단원자 덮기의 경우 대략 10^{15}개의 입자
들이 1 cm² 위 기하학적 표면적 위에 놓여 있다. 만약 1 cm² 위 기하학적 표면
적 위에 원자들이 10^{18}개 흡착되어 있다면 (단위면적당 흡착된 입자개수밀도
$\tilde{n}_{mono}$가 10^{15}개이므로) 1,000개 분자층이 있다는 말이 된다. 이 분자들이 물

분자들이고 증발하게 될 경우 최외각 층의 결합력은 다른 층에 비해 약간 크고 최내층, 즉 흡착층의 결합력은 5~10배 크고 단단히 붙어 있다. 이는 증기압을 낮추는 역할을 한다.

질소의 단원자층이 반지름 r, 부피 V = 1 L의 구형 용기의 내부 표면적 A에 흡착되어 있다. 흡착된 질소 분자가 모두 탈착된다면 용기 내의 질소 부분압은 얼마일까? 부피 V인 구의 반지름을 r_v라고 하면, r_v는 다음과 같이 계산된다.

$$부피 \quad V = \frac{4}{3}\pi r_v^3 \rightarrow r_v = \left(\frac{3}{4\pi}V\right)^{\frac{1}{3}} = 6.2 \text{ cm}$$

내부 표면적 A는 역시 다음과 같이 계산된다.

$$4\pi r_v^2 = 4\pi(6.2)^2 = 483 \text{ cm}^2$$

흡착된 질소 분자 수 N은 다음과 같이 계산된다.

$$N = \tilde{n}_{mono} \times A = 1.13 \times 10^{15} \text{ cm}^{-2} \times 483 \text{ cm}^2$$

$$= 5.46 \times 10^{17} \text{ 개}$$

그러면 상온에서 흡착된 질소 분자의 탈착에 의한 질소 부분압(압력 상승값)은 다음과 같이 계산된다.

$$PV = NkT \rightarrow P = \frac{NkT}{V}$$

$$P = \frac{5.46 \times 10^{17} \times 1.38 \times 10^{-23} \frac{J}{K} \times 300 \, K}{10^{-3} \, m^3}$$

$$= 2.26 \, \frac{J}{m^3} = 2.26 \, \frac{N}{m^2} = 2.26 \, Pa$$

흡착제 표면에서의 흡착률Adsorption Rate과 탈착률Desorption Rate을 고려해보자. 흡착제 표면에 부착할 확률을 부착 확률 s라고 하면, 부착 확률Sticking Probability은 입자들이 표면에 있는 흡착 가능한 위치에 도달하는지 여부와 흡착 위치에 잔류할 확률이 얼마나 높은지에 달려 있다. 잔류할 확률을 s_0라고 하고, 표면이 덮여 있는 비율을 표면덮기 Θ라 하면, 표면이 덮이지 않는 비율 f는 $f = 1 - \Theta$이고, 입자들이 비어 있는 위치에 도달할 때만 흡착된다고 가정하면 부착 확률은 다음과 같다.

부착 확률 $s = s_0 f(\Theta) = s_0 (1 - \Theta)$

[표 2.13]에 기체들의 잔류할 확률 s_0와 표면덮기 Θ를 표시하였다. 흡착률은 기체가 충돌하는 확률(충돌률)에 부착 확률을 곱한 값으로 주어질 수 있

다. 앞에서 언급한 충돌률은 다음과 같다(충돌률은 단위시간에 분자가 표면적 A를 치는 횟수, 즉 진공 용기 속의 기체 분자가 단위시간당 단위면적에 해당하는 진공 용기 벽을 치는 횟수이다).

표 2.13 기체들의 잔류할 확률 s_0와 표면 덮기 Θ(Redhead)

기체 종류	s_0	Θ
H_2	0.08~0.3	0.26~0.5
CO	0.18~0.97	0.30~0.66
N_2	0.11~0.55	0.14~0.5
O_2	0.14~0.15	0.4~0.7

$$충돌률 \ f \ = \ \frac{1}{4}n\bar{v}$$

여기서, n은 단위부피당의 분자 수, $\bar{v}$는 맥스웰-볼쯔만 분포의 기체 분자의 단순평균속도이다. 앞의 식을 활용하면 흡착률은 다음과 같이 표현된다.

$$흡착률 \ j_{ad} = 부착확률 \times 충돌률$$

$$= s_0(1-\Theta) \times \frac{1}{4}n\bar{v} = s_0(1-\Theta) \times \frac{P}{(2\pi k Tm)^{\frac{1}{2}}}$$

$$= s_0(1-\Theta) \times 3.511 \times 10^{22} \frac{P_{Torr}}{(TM)^{\frac{1}{2}}} Molecules/(cm^2 \cdot s)$$

탈착이 일어나기 위해서는 운동 에너지 E_{kin}가 탈착 에너지 E_{des}보다 커야 일어난다. 흡착된 입자개수밀도 $\tilde{n}$개 중 일부분이 탈착되므로 탈착되는 입자개수밀도는 다음과 같이 된다.

$$\text{입자 개수 밀도} \quad \Delta\tilde{n} = \tilde{n}\, \exp\left(-\frac{E_{des}}{RT}\right)$$

표면에 흡착된 흡착 입자는 진동수 $\nu_0 = 10^{13}$ 회/초 또는 $\tau_0 = 10^{-13}$ 초 정도의 진동 주기를 가지고 진동한다고 하면, 탈착률은 입자개수밀도 $\Delta\tilde{n}$ 에 진동수 ν_0를 곱한 값으로 주어진다. 정리하면 탈착률은 다음과 같다.

$$\text{탈착률} \quad j_{des} = \frac{d\tilde{n}}{dt} = -\nu_0 \Delta\tilde{n} = -\nu_0 \tilde{n}\, \exp\left(-\frac{E_{des}}{RT}\right)$$

탈착률을 다른 표현으로 기술해보면, 표면이 덮여 있는 비율인 표면 덮기 Θ 에서만 탈착이 일어나므로, $\tilde{n}_0$개의 입자들로 덮여 있는 경우, 평균잔류시간 τ를 이용하면 탈착률은 다음과 같이 표현된다. 평균잔류시간은 나중에 설명하겠다.

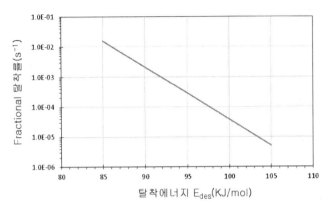

그림 2.28 탈착 에너지 E_{des} 변화에 따른 fractional 탈착률

$$탈착률 \ j_{des} = \frac{\widetilde{n}_0}{\tau}\Theta$$

탈착률 j_{des}를 흡착밀도 계수 $\widetilde{n}_0$으로 나누면, 단위시간당의 fractional 탈착률이 된다.

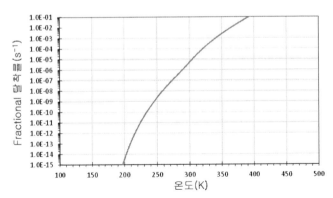

그림 2.29 기판 온도 변화에 따른 fractional 탈착률

$$\text{Fractional 탈착률} \quad \frac{j_{des}}{\widetilde{n}_0} = \frac{1}{\tau}\Theta = -\nu_0\Theta\exp\left(-\frac{E_{des}}{RT}\right)$$

[그림 2.28]과 [그림 2.29]에 표면 덮기 Θ가 1인 경우, 탈착 에너지 E_{des}와 기판 온도별 fractional 탈착률을 각각 표현해놓았다. 탈착 에너지 E_{des}가 90 kJ/mol인 경우 fractional 탈착률은 0.002에서 100 kJ/mol인 경우 0.00004로 감소한다. 즉 매 초당 0.004%씩 탈착이 된다는 말이다. [그림 2.29]에서 보인 바와 같이 기판 온도 변화에 따라 온도가 올라가면 탈착률이 크게 증가한다.

표면 위에 한 개 원자층이 형성되는 데 필요한 시간을 단층형성시간 monolayer time이라고 한다. 앞에서 표면에 흡착된 입자개수밀도는 흡착률에 단층형성시간을 곱한 값이 된다.

$$\text{입자개수밀도} \quad \tilde{n}_{mono} = \text{흡착률} \times \text{단층형성시간} = j_{ad}t_{mono}$$

단층형성시간은 다음과 같다.

$$\text{단층형성시간} \quad t_{mono} = \frac{\tilde{n}_{mono}}{j_{ad}} = \frac{\tilde{n}_{mono}}{S_0(1-\theta)\times f}$$

$$= \frac{\tilde{n}_{mono}}{S_0(1-\theta)\times\frac{1}{4}n\overline{v}}$$

여기서, f는 충돌률이다. 표면에 붙은 원자나 분자들이 영구히 떨어지지 않는다고 가정하면 s=1, 앞에서 충돌률 f의 값을 넣고, 입자개수밀도 $\tilde{n}_{mono}$는 $1.13×10^{15}$ cm^{-2} 를 넣어서 단층형성시간 t_{mono}를 계산해보면 다음과 같다.

$$단층형성시간 \quad t_{mono} = \frac{\tilde{n}_{mono}}{j_{ad}}$$

$$= \frac{1.13 \times 10^{15} \ cm^{-2}}{s_0(1-\theta) \times 3.511 \times 10^{22} \dfrac{P_{Torr}}{(TM)^{\frac{1}{2}}} Molecules/(cm^2 \cdot s)} [s]$$

기체가 온도 T=300 K인 공기(분자량 M=29)라면 단층형성시간 t_{mono}는 압력의 함수로서 다음과 같이 계산된다.

$$t_{mono} = \frac{3 \times 10^{-6} \ Torr}{P} \ [s] \quad 또는 \quad \frac{4 \times 10^{-4} \ Pa}{P} \ [s]$$

[표 2.14]와 [그림 2.30]에 공기, 물, 수소 기체 분자들의 압력에 따른 단층형성시간을 표시하였다. 표를 보면 10^{-3} Pa 정도 압력에서는 1초도 안 되는 시간에 단원자층이 형성된다. 불순물의 오염을 방지하기 위해서 고진공을 만드는 이유가 여기에 있다 할 수 있다. 한편 대기압에서는 온도 300 K인 물분자(M=18)의 단층형성시간 t_{mono}는 $3×10^{-9}$초로 순식간에 표면이 물분자로 덮인다.

표면에 흡착된 입자들 중 일부는 잔류 시간이 짧은 것에 비해 일부는 탈착되기 전까지 오랜 시간 동안 표면에 잔류하는 것들도 있다. 다음 식에서 평균 잔류시간Resident Time τ를 다음과 같이 표현할 수 있다.

$$\text{평균 잔류시간} \quad \tau = \tau_0 \exp\left(\frac{E_{des}}{RT}\right)$$

표 2.14 공기, 물, 수소의 기체 압력에 따른 단층형성시간 t_{mono}(온도 300 K, $\tilde{n}_{mono}$=1.13 $\times 10^{15}$ cm^{-2})

기체 종류	압력 Pa mbar	100 1	0.1 1×10^{-3}	1×10^{-3} 1×10^{-5}	1×10^{-5} 1×10^{-7}	1×10^{-7} 1×10^{-9}	1×10^{-9} 1×10^{-11}
공기	M=29	4×10^{-6}초	4×10^{-3}초	0.4초	40초	67분	111시간
H$_2$O	M=18	3×10^{-6}초	3×10^{-3}초	0.3초	32초	53분	88시간
H$_2$	M=2	1×10^{-6}초	1×10^{-3}초	0.1초	11초	18분	29시간

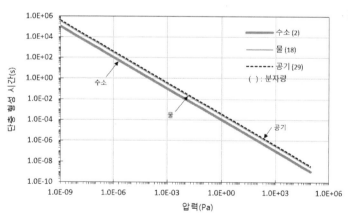

그림 2.30 공기, 물, 수소 기체의 압력에 따른 단층형성시간(온도 300K)

스테인레스 스틸 표면에 있는 물분자의 평균잔류시간을 구해보자. 상온 (300 K)과 400 K일 경우에 대해서 구해보면, 앞의 식과 표에서 단층형성시간 $\tau_0 = 10^{-13}$ 초, 탈착 에너지 E_{des}는 대략 90 kJ/mol이므로 300 K 온도일 경우 평균잔류시간은 다음과 같다.

$$평균잔류시간 \quad \tau = \tau_0 \exp\left(\frac{E_{des}}{RT}\right)$$

$$= 10^{-13}초 \times \exp\left(\frac{90 \, kJ/mol}{8.314 \frac{J}{mol} \times 300 \, K}\right)$$

$$= 469초$$

물분자의 경우 온도 300 K에서는 평균잔류시간은 469초인데, 온도가 400 K일 경우 평균잔류시간은 0.06초, 600 K일 경우 평균잔류시간은 6.8×10^{-6} 초이다. 온도에 따라 평균잔류시간이 엄청난 차이를 보이고 있다. 앞의 식에서 시간 t에서의 입자개수를 구할 수 있다. t=0일 때 표면이 $\tilde{n}_0$개의 입자들로 덮여 있는 경우, 시간 t에서의 입자개수밀도 $\tilde{n}(t)$는 다음과 같다.

$$시간 \; t에서의 \; 입자개수밀도 \; \tilde{n}(t) = \tilde{n_0} \exp\left(\frac{-t}{\tau}\right)$$

시간 t에 관해서 정리해보면, 탈착되는 데 소요되는 시간을 구할 수 있다. 즉 한 개의 흡착층이 초기 입자 수 $\tilde{n}_0$에서 시간 t일 때 입자 수 $\tilde{n}(t)$으로 감소할 때까지 걸리는 시간은 다음과 같다.

$$\text{탈착 시간} \quad t = \tau \, \text{Ln}\left(\frac{\widetilde{n}_0}{\widetilde{n}(t)}\right)$$

$$= \tau_0 \exp\left(\frac{E_{des}}{RT}\right) \times \text{Ln}\left(\frac{\widetilde{n}_0}{\widetilde{n}(t)}\right)$$

물분자 한 층이 스테인레스 스틸 표면에 흡착되어 있는 경우 탈착 시간을 구해보자. 온도는 상온으로 300 K이다. 앞에서 $\tau_0 = 10^{-13}$ 초, 온도 300 K일 때 $\tau = 469$초이고, 입자 수 $\widetilde{n}(t)$가 초기 입자 수 $\widetilde{n}_0$의 10^{-2}(초깃값의 1/100)가 될 때까지 걸리는 탈착 시간은 다음과 같다.

$$\text{탈착 시간} \quad t = \tau \, \text{Ln}\left(\frac{\widetilde{n}_0}{\widetilde{n}(t)}\right)$$

$$= \tau_0 \exp\left(\frac{E_{des}}{RT}\right) \times \text{Ln}\left(\frac{\widetilde{n}_0}{\widetilde{n}(t)}\right)$$

$$= 469\text{초} \times \text{Ln}(100) = 2,159\text{초}$$

상온 300 K일때 물분자 한 개 층의 초기 입자 수가 1/100이 될 때까지 걸리는 시간은 2,159초라는 이야기이다. 한편 온도가 400 K일 때의 탈착 시간은 0.26초, 온도가 600 K일 때의 탈착 시간은 31 μs가 된다. 즉 온도 상승에 의해 탈착 시간이 평균잔류시간과 같이 엄청난 차이를 보인다. 기체 방출Outgassing

을 할 때 굽기Baking를 하는 이유가 여기에 있다. [그림 2.31]에 탈착 에너지와

온도별 탈착 시간을 나타내었다.

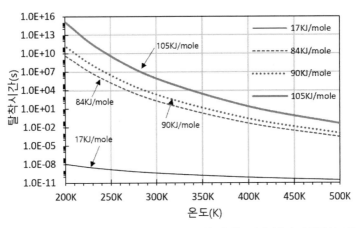

그림 2.31 탈착 에너지 E_{des}와 온도 변화에 따른 탈착 시간(표면입자수가 초깃값의 1/100이
되는 기준)

표면에 흡착되고, 탈착되는 입자의 수가 평형상태에 도달하면, 앞의 흡착

률 식과 탈착률 식을 같다고 놓을 수 있다. 표면 덮기 Θ에 대해서 정리해보면

다음과 같다.

$$흡착률\ j_{ad} = s_0(1-\theta) \times 3.511 \times 10^{22} \frac{P_{Torr}}{(TM)^{\frac{1}{2}}} \left[\frac{Molecules}{(cm^2 \cdot s)}\right]$$

$$탈착률\ j_{des} = \frac{\widetilde{n_0}}{\tau}\theta$$

$$s_0(1-\theta)\times 3.511\times 10^{22}\,\frac{P_{Torr}}{(TM)^{\frac{1}{2}}}=\frac{\widetilde{n_0}}{\tau}\theta$$

$$\theta=\frac{AP}{AP+1},\; A=3.511\times 10^{22}\,\frac{s_0}{(TM)^{\frac{1}{2}}}\times\frac{\tau}{\widetilde{n_0}}$$

[표 2.15]와 [그림 2.32]에 질소 기체에 대해서, 압력과 온도에 따른 표면덮

기 Θ값의 변화를 표시하였다.

표 2.15 압력과 온도에 따른 표면 덮기 Θ값의 변화(0< Θ <1, 질소 기체)

압력(Torr)	100 K	200 K	300 K	400 K	500 K
760	0.996	0.070	0.004	0.001	0.0004
10^{-3}	3.7×10^{-4}	9.9×10^{-8}	5.8×10^{-9}	1.3×10^{-9}	5.5×10^{-10}
10^{-6}	3.7×10^{-7}	9.9×10^{-11}	5.8×10^{-12}	1.3×10^{-12}	5.5×10^{-13}

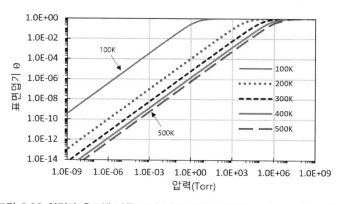

그림 2.32 압력과 온도에 따른 표면 덮기 Θ값의 변화(0< Θ <1, 질소 기체)

표면 덮기 Θ값을 하나만 계산해보자. 만약 흡착열 E_d가 13.1 kJ/mol, 부착 확률 s_0가 0.4, 입자개수밀도 $\tilde{n}_0$가 5×10^{14} cm^{-2}, 온도 T가 300 K, 기체 분자를 질소라고 하면 분자량 M이 28이 되고, 단원자층 형성시간 τ는 1.9×10^{-11} 초이면, 계수 A는 5.86×10^{-6}이다. 또한 압력이 10^{-6} Torr이면 표면 덮기 Θ는 5.8×10^{-12}이다. 상기와 같은 조건에서 대기압에서는 표면 덮기 Θ는 0.004, 즉 0.4% 정도이다. 상기 부착되는 기체가 질소이므로, 질소 기체로 Vent시에 0.4% 정도만이 표면에 덮힌다는 말이 된다.

단위면적에서 매초 탈착하는 입자 수인 탈착률 j_{des}은 다음과 같다.

$$\text{탈착률 } j_{des} = -\nu_0 \tilde{n} \, \exp\left(-\frac{E_{des}}{RT}\right)$$

$$= -\nu_0 \tilde{n}_0 \, \exp\left(-\frac{E_{des}}{RT}\right)\exp\left(-\frac{t}{\tau}\right)$$

$$= \tilde{n}_0 \frac{\exp\left(-\dfrac{t}{\tau}\right)}{\tau}$$

이상기체 상태 방정식에서 방출률을 탈착률에서 유추해볼 수 있다. 즉 방출률 Q는 다음과 같다.

$$P = nkT, \quad Q = j_{des}kT$$

여기서, P는 압력, n은 단위부피당 입자 수, k는 볼쯔만 상수, T는 절대온도이다.

탈착률이 Exponential 함수가 아닌, $j_{des} = kt^{-n}$와 같이 시간 t의 역수인 경우, 방출률도 유추해볼 수 있다. [그림 2.33]은 온도 차이별 시간에 따른 방출률의 변화를 표시하였는데, 온도 300 K와 온도 500 K의 방출률을 비교하였다. 그림에서와 같이 500 K의 방출률이 크게 높음을 알 수 있다.

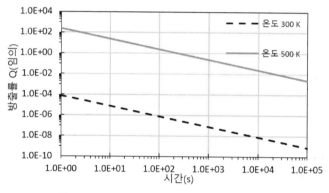

그림 2.33 온도 차이별 시간에 따른 방출률의 변화

[그림 2.34]는 굽기Baking 효과를 나타낸 그림이다. 히팅 없는 상태에서 히팅을 하게 되면 방출률(압력)이 크게 증가했다가 일정 온도의 방출률 그래프를 유지한다. 히터를 끄게 되면 원래의 히팅 없는 상태보다 낮은 방출률(압력)을 갖다가 일정한 시간이 흐르면 다시 히팅 없는 상태 방출률을 따라가게 된다. 목표하는 압력을 빠른 시간 내에 달성하기 위해 히팅을 활용할 수 있으며 공정 시간의 절약을 도모할 수 있다.

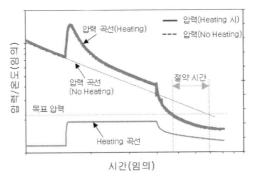

그림 2.34 히팅 시와 히팅하지 않는 경우의 시간에 따른 압력 변화

:: 대기와 진공 상태, 물(수분)의 영향 및 제거 방법

대기압과 진공에서의 기체 분자 구성 비율을 비교해보면, 대기압에서는 질소 78%, 산소가 21%로 높은 비율인 반면, 고진공에서는 질소와 산소의 비율은 1% 미만이 되고, 물의 비율이 98%로 크게 높아진다. 즉 고진공이 되면 기체 분자의 대부분은 물이 차지한다. 이후 더욱 오랜 시간을 배기하거나, 굽기를 계속하여 물을 제거하게 되면 물의 비율은 줄어든다. 이렇게 물의 비율이 줄어든 고진공 용기의 경우 수소와 헬륨이 대부분의 조성을 차지하기도 한다. 진공에서 물분자의 비율이 높아지는 이유를 생각해보면, 다른 기체 분자들과 다르게 물분자는 하나의 산소 원자와 두 개의 수소 원자로 구성되어 있어서 +극성, ㅡ극성을 갖는다. 이런 비대칭의 극성을 가진 물분자는 다른 분자들이나 다른 극성을 가진 표면에 끌어당겨진다. 물분자의 극성은 진공 용기의 벽에 원자층

이나 분자층을 형성시키는 원인이 된다. 초고진공에서 수소와 헬륨의 비율이 높아지는 이유는 수소와 헬륨은 분자량이 작아서 고진공 펌프로 제거하기 어려워 초고진공 상태에서 남아 있게 된다. [그림 2.35]에 대기압과 중진공(고진공) 그리고 초고진공의 기체 분자 구성 비율을 비교하였다.

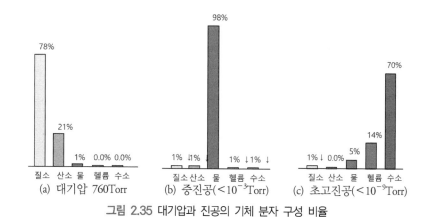

그림 2.35 대기압과 진공의 기체 분자 구성 비율

대기 중 공기와 공정 중 기체에 노출된 진공 용기벽은 물분자와 다른 분자들에 의해 여러 층이 형성된다. [그림 2.36]에서는 진공 용기벽에 형성된 여러 가지 분자들이 적층된 모습을 보여준다. 수증기는 진공 시스템에서 진행되는 모든 공정에 문제를 야기하고, 짧은 시간 안에 압력이 고진공 조건에 도달할 수 없게 방해하는 물질이다. [그림 2.36]과 같이 수증기는 강한 화학 흡착력에 의해 용기 벽에 1~2층 정도의 막을 형성하게 된다. 그리고 그 위에 물리적 흡착력에 의해 물분자층이 수 층에서 수백 층이 형성된다. 그 결합 강도는 물분

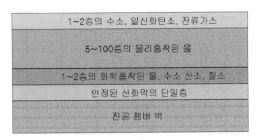

<table>
<tr><td>1~2층의 수소, 일산화탄소, 잔류가스</td></tr>
<tr><td>5~100층의 물리흡착된 물</td></tr>
<tr><td>1~2층의 화학흡착된 물, 수소 산소, 질소</td></tr>
<tr><td>안정된 산화막의 단일층</td></tr>
<tr><td>진공 챔버 벽</td></tr>
</table>

그림 2.36 진공 용기벽에 형성된 여러 가지 분자들의 층

자층이 많아지면 약해진다. 이와 같이 진공 시스템의 금속 표면은 표면의 산화막과 수백 층의 물분자층으로 구성되어 있다.

진공 용기에서 수분이 형성되는 원인은 용기가 대기에 노출되어 습도에 해당되는 수분에 오염되어서인데, 수분이 용기벽에 흡착되면, 이 수분이 산화물층 안으로 확산해 들어가기도 한다. 진공 용기에서 수분의 접촉을 차단하거나 제거하는 방법으로는 진공 용기를 가열하거나, Loadlock 진공 용기를 사용해서 진공 용기가 수분에 직접 노출이 되지 않도록 하는 방법이 있으며, 용기를 배기했다가 Vent를 반복적으로 하는 방법으로 수분을 제거할 수도 있다. 이 방법은 Flush Desorption이라고도 한다. Vent 기체는 대부분 질소나 CDA Compressed Dry Air를 사용하는데 질소를 사용하는 것이 흡착된 물분자를 제거하는데는 더 유리하다. 질소 분자들은 흡착된 물분자와 충돌하고, 흡착된 물분자의 결합을 깰 정도의 에너지를 공급해서 물분자들이 떨어져나오게 하기도 한다. 배기와 Vent를 바로 반복하는 방법도 있지만, 질소로 Vent했다가 수 분 정도 대기했다가 배기하는 방법도 있다. Vent 하는 기체를 가열해서 공급하면 수분 제거에 더 효과적일 수 있다. 질소 대신 다른 불활성 기체를 이용할 수도 있다. 용기를 가열하는 방법도 흡착된 물분자의 결합력을 약하게 하여 강제 탈착 시키는 방법이다. 가열 시에는 용기가 전체적으로 균일하게 가열되도록 하여야 온도가 낮은 곳에 수분이 재흡착되는 것을 막을 수 있다.

　수분 제거를 위한 다른 방법으로는 글로우 방전Glow Discharge(플라즈마)를 발생시켜서 이온 포격Ion Bombardment를 통해 수분을 제거하는 방법, 또 UVUltra-violet Radiation 에너지로 물분자를 탈착시키는 방법도 있는데, 두 가지 다 진공을 형성시켜야 효율적으로 물분자를 제거할 수 있다. 물이 포함된 진공 시스템을 배기하면, 상온에서 수증기의 증기압 보다 압력이 낮아지면 수증기가 탈착되어 배기된다. 초기 배기Roughing Pumping하는 동안은 물의 탈착률Desorption Rate은 낮지만, 기체의 흐름이 분자류가 되는 낮은 압력이 되면 물의 탈착률이 급격히 증가한다. 용기를 배기하는 중에 배기 속도, 압력 그리고 온도 등이 적절히 맞으면, 수분에 의해 짙은 에어졸(안개)이 용기 내에 생기기도 한다. 대기압에서부터 배기할 경우 단열 팽창으로 인하여 온도가 급격히 떨어지는 현상이 압력 600 Torr 정도에서 일어나는데, 이때 생기는 수분에 의해 용기 안이 오염되거나, 심한 경우 수분이 얼어 붙는 경우도 생긴다. 이런 현상을 방지하기 위해 러핑 라인을 히팅하기도 한다.

진공 해석

진공 해석

:: 진공 해석

여기서는 저진공과 고진공 배기 해석, 기체 방출의 계산, vent(진공 해제), 압력 상승, 기체 방출의 측정 그리고 전도Conductance의 계산을 다루고자 한다. 실측값과 계산값을 비교해서 실질적으로 활용할 수 있도록 기술하여 보았다.

대기압으로부터 진공 펌프를 이용해서 배기를 하는 과정은 이상기체 상태 방정식과 기체유량 변화를 분석해서 유도할 수 있으며, 펌프의 배기 속도가 압력에 따라 달라진다는 점과 시간에 따라 기체 방출이 변화된다는 것을 고려하면 비교적 실제와 유사하게 시간에 따른 압력 변화를 유추할 수 있다.

기체 방출은 진공 용기의 표면 상태에 따라 크게 달라지며 보통은 안전계수를 감안해서 계산한다. 여기서는 여러 가지 진공 용기에 대한 기체 방출을 산출해서 설명한다.

배기 속도는 기체 방출률의 변화를 통해 계산해낼 수 있다. 진공 용기들 사이에 Work(Glass, Mask, Chuck 등의 Carrier를 일컫는 말이다)가 이동하는 경우에 대해서 여러 가지 경우를 들어 압력 변화를 계산해보았다.

Vent(진공 해제)의 경우도 진공 용기 내의 기체 분자유량의 변화를 분석해서 유도할 수 있으며, 기체 방출률을 통해 압력이 상승하는 양을 산출해낼 수 있다.

압력 증가의 원인을 몇 가지로 설명했으며, 이 중에서 Leak(리크, 누출)에 대해서 발생 원인과 Leak 검출법에 대해서 언급하였다.

기체 방출을 정량적으로 측정하는 방법으로 압력상승법과 유량법을 설명하였으며, 로드락 용기에서의 기체 방출량을 정량적으로 계산하는 방법을 기술하였다.

전도의 의미를 설명하고 여러 가지 배관 형상에 대한 전도를 분자류에 대해서 계산 방법을 소개하였으며, 튜브에 대한 전도를 점성류에 대해 소개하였다. 그리고 진공 펌프와 배관의 전도를 함께 고려한 유효 배기 속도도 계산하여 보았다.

:: 배기 시간의 계산

진공 펌프를 사용하여 부피 V인 용기를 배기할 때의 압력 변화를 이상기체 상태 방정식을 이용하여 유도해보자. 이상기체 상태 방정식은 다음과 같다.

$$PV = NkT$$

여기서, P는 압력, V는 부피, N은 분자의 총수, k는 볼쯔만 상수, T는 절대온도 이다. [그림 3.1]에서 진공 용기 내부를 펌프로 배기하면, 용기 내부 분자의 총수 N이 감소하게 되는데, 부피 V에 있는 일부의 부피 V′에 있는 단위부피당 분자 수 n만큼 분자 수가 감소할 것이다. 즉 남아 있는 분자 수는 N−nV′가 된다. 압력도 변하게 되는데 이 압력을 P′이라고 하면 앞의 이상기체 상태 방정식은 다음과 같이 된다.

$$P'V = (N - nV')kT$$

여기서, n은 단위부피당 분자 수, V′은 펌프에 의해 배출되는 부피이다. P > P′ 이므로 P−P′=△P라고 하면 식은 다음과 같이 된다.

$$P'V - PV = -nV'kT \rightarrow (P' - P)V = -nV'kT$$

$$\rightarrow \triangle P = -\frac{nV'kT}{V} = -\frac{V'P}{V}$$

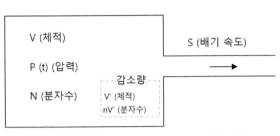

그림 3.1 일정 압력의 진공 용기를 배기하는 경우

배기 속도 S인 펌프가 매 초 부피 V'만큼 배출한다고 하면, 미소 시간 dt에 압력 저하분 dP를 다음과 같은 미분 방정식으로 만들 수 있다.

$$dP = \left(-\frac{SP}{V}\right)dt \rightarrow \frac{dP}{P} = \left(-\frac{S}{V}\right)dt$$

상기 식을 적분하여, 배기를 시작한 순간의 압력을 P_0라고 쓰고, 시간 t가 지난 후의 압력을 P_t라고 하면, 저진공 배기 시의 시간에 따른 압력 변화식을 얻을 수 있다.

$$\text{Ln } P_t - \text{Ln } P_0 = \left(-\frac{St}{V}\right) \rightarrow P_t = P_0 \exp\left(-\frac{St}{V}\right)$$

한편 [그림 3.2]에서와 같이 고진공 배기를 할 경우는 기체 방출을 고려해 주어야 하는데, 기체 방출에 의해 분자 수가 늘어나게 되고 이때 늘어난 분자 수를 N′이라고 하면, 앞의 식은 다음과 같이 변경된다.

$$P'V = (N - nV' + N')kT$$

여기서, 분자 수 N′에 의해 늘어난 부피를 V″라고 하고, 이때의 단위부피당 분자 수를 n′이라고 하면 n′=N′/V″이 되며, 기체 방출에 의해 새로 생긴 압력을 P″이라고 하면, 상기 식은 다음과 같이 정리된다.

$$P'V - PV = (-nV' + n'V'')kT$$
$$\rightarrow (P' - P)V = (-nV' + n'V'')kT$$
$$\rightarrow \Delta P = (-nV' + n'V'')\,kT/V = (-PV' + P''V'')/V$$

그림 3.2 일정 압력의 진공 용기를 배기하는 경우(기체 방출이 있는 경우)

마찬가지로 배기 속도 S인 펌프가 매 초 부피 V′만큼 배출한다고 하면, 미소 시간 dt에 압력 저하분 dP는 다음과 같은 미분 방정식으로 만들 수 있다. 여기서 압력이 최대 도달 압력에 도달하면 P″은 P_{ult}로 바꾸어 쓸 수 있으며, 기체 방출 Q는 $P_{ult}S$가 된다. 최대 도달 압력Ultimate Pressure은 배기 시간이 경과함에 따라 도달할 수 있는 최저 압력을 말한다.

$$dP = -\frac{PS}{V}dt + \frac{P_{ult}S}{V}dt$$

$$\rightarrow dP = \frac{-PS + Q}{V}dt$$

$$\rightarrow dP = \frac{(-P + P_{ult})S}{V}dt$$

$$\rightarrow \frac{dP}{(P - P_{ult})} = -\frac{S}{V}dt$$

상기 식을 적분하여, 배기를 시작한 순간의 압력을 P_0라고 하고, 시간 t가 지난 후의 압력을 P_t라고 하면, 저진공부터 고진공까지 배기 시의 시간에 따른 압력 변화식을 얻을 수 있다.

$$\rightarrow Ln(P - P_{ult}) - Ln(P_0 - P_{ult}) = -\left(\frac{S}{V}\right)t$$

$$P = (P_0 - P_{ult}) \times \exp\left(-\frac{S}{V}\right)t + P_{ult}$$

진공 펌프를 사용하여 부피 V인 진공 용기를 배기할 때의 압력 변화를 기체유량의 변화로도 알 수 있다. 진공 용기를 배기할 때 배기는 크게 두 단계로 구분할 수 있으며, 공간 배기와 표면 배기로 나눈다. 공간 배기는 주로 진공 펌프를 구동하기 시작한 초기의 배기로서 용기 안의 공간에 존재하는 기체 분자를 뽑아내는 것이고, 표면 배기는 용기 내벽으로부터 방출하는 기체를 배기하는 것이다. 진공 용기 내에 기체 분자의 변화율은 단위시간당 용기 안으로 유입되는 기체의 양과 유출되는 기체의 양 사이의 차이이다. 이를 식으로 정리해보면 다음과 같다.

$$V\frac{dP}{dt} = Q_{in} - Q_{out}$$

여기서, V는 용기 부피, P는 압력, Q_{in}는 진공 용기 내로 유입되는 기체의 양, Q_{out}은 유출되는 기체의 양, S는 배기 속도다.

진공 펌프를 이용하여 배기를 시작하는 초기에는 표면으로부터 방출되는 기체 방출은 공간에 존재하는 기체의 양에 비해 무시할 정도로 적기 때문에 유입되는 기체의 양 Q_{in}은 0이고, 배기 속도 S는 압력에 관계없이 일정한 값이라고 하면 다음과 같이 정리된다. 앞의 이상기체 상태 방정식으로부터 유도한 식과 동일한 식이 된다.

$$V\frac{dP}{dt} = Q_{in} - Q_{out} = -PS$$

$$\rightarrow \int \frac{dP}{P} = -\frac{S}{V}\int dt$$

이번에는 앞의 식을 적분해서 배기하는 데 필요한 시간을 구해보자. 배기 속도가 S인 진공 펌프를 사용하여 부피 V인 용기를 압력 P_1에서 P_2까지 배기하는 데 필요한 시간은 다음과 같이 정리된다.

$$Ln\left(\frac{P_2}{P_1}\right) = -\frac{S}{V}t \rightarrow t = -\frac{V}{S}Ln\left(\frac{P_2}{P_1}\right)$$

$$= 2.3\frac{V}{S}Log\left(\frac{P_1}{P_2}\right)$$

만약 초기 압력 P_1이 760 Torr, 도달 압력 P_2가 0.1 Torr라고 하면(진공 용기 부피가 1,000 L, 배기 속도가 100 L/s) 배기하는 데 필요한 시간 t는 89초로 계산된다.

$$t = 2.3\frac{V}{S}Log\left(\frac{P_1}{P_2}\right)$$

$$= 2.3 \times \frac{1,000\,L}{100\,L/s} \times Log\left(\frac{760\,Torr}{0.1\,Torr}\right) = 89초$$

상기 식에서 실제로는 배기 속도 S는 압력에 따라 변하는 값이다. 압력대별 상이한 배기 속도를 고려하여, 각 압력 구간별 필요시간을 산출하고, 이 시간을 모두 더해주어야 배기하는 데 필요한 전체 시간을 알 수 있다. 그러면 배기하는 데 필요한 시간 t_T는 다음과 같이 된다.

$$t_T = t_1 + t_2 + t_3 + t_4 + t_5 + \cdots$$

$$= 2.3 \frac{V}{S} Log\left(\frac{P_1}{P_2}\right) + 2.3 \frac{V}{S} Log\left(\frac{P_2}{P_3}\right) +$$

$$2.3 \frac{V}{S} Log\left(\frac{P_3}{P_4}\right) + 2.3 \frac{V}{S} Log\left(\frac{P_4}{P_5}\right) + \cdots$$

[그림 3.3]은 상기 식으로 계산한 시간에 따른 압력 변화 그래프이고, [표 3.1]은 상기 식으로 계산할 결과이다. 초기 압력 760 Torr에서 522 Torr까지

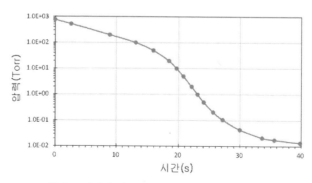

그림 3.3 시간에 따른 압력 변화(용기 부피 1,770 L)

도달하는 데 2.7초가 걸린다는 이야기이고, 522 Torr에서 200 Torr까지는 6.2 초가 걸린다는 이야기이다. 대기압인 760 Torr 압력에서 0.02 Torr에 도달하는 데 33.6초가량 걸린다는 것을 알 수 있다.

표 3.1 압력대별 배기하는 데 필요한 시간(용기 부피 1,770 L)

초기 압력 P₁ (Torr)	나중 압력 P₂ (Torr)	유효배기속도 (L/s)	필요시간 t(s) (압력 구간별)	누적 필요시간 t(s)
760	522	249	2.7	2.7
522	200	272	6.2	8.9
200	100	294	4.2	13.1
100	50	437	2.8	15.9
50	20	643	2.5	18.4
20	10	1,000	1.2	19.6
10	5	1,095	1.1	20.8
5	2	1,216	1.3	22.1
2	1	1,280	1.0	23.1
1	0.5	1,229	1.0	24.1
0.5	0.3	1,043	1.6	25.6
0.3	0.08	786	1.6	27.2
0.08	0.04	618	2.8	30.0
0.04	0.02	446	3.6	33.6

앞서 기체 방출Outgassing이 Zero가 아닌 경우에 저진공부터 고진공까지 배기 시의 시간에 따른 압력 변화식을 다시 생각해보자. 여기서 저진공 형성 시는 기체 방출이 거의 없다고 볼 수 있다.

$$P = \left(P_0 - P_{ult}\right) \times \exp\left(- \frac{S}{V}\right)t + P_{ult}$$

여기서, P_0는 초기 압력, P_{ult}는 최대 도달 압력, S는 배기 속도, V는 용기 부피다. 초기 압력 P_0, 최대 도달 압력 P_{ult}, 용기 부피 V는 일정한 값이다. [그림 3.4]에 서는 저진공 형성 시 시간에 따른 압력 변화를 표시하였는데, 배기 속도 S를 일정하게 두고 계산하면 그림과 같은 점선의 그래프가 나온다. P_{ult}는 최대 도 달 압력으로 아무리 오랜 시간을 배기를 하더라도 최대 도달 압력 P_{ult}보다 낮 은 압력을 만드는 것은 불가능하다. 최대 도달 압력 P_{ult}은 펌프의 최대 성능이 기 때문이다. 실제로는 배기 속도는 압력에 따라 달라지므로 그림과 같은 실 선의 그래프가 나온다. 배기 속도를 실제 결과와 좀더 비슷하게 예측하기 위 해서는 압력 변화에 따른 배기 속도와 배관의 전도Conductance를 고려한 유효

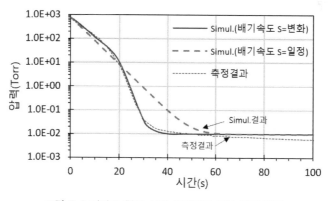

그림 3.4 저진공 형성 시의 측정값과 해석 결과 비교

배기 속도를 계산해서 반영해주어야 한다. [그림 3.4]는 실제 측정 결과와 해석 결과를 비교하였는데, 해석 결과가 실제 측정 결과와 거의 비슷한 결과를 보여주고 있다.

:: 압력 강하 과정

[그림 3.5]는 일정 부피의 기체로 차 있는 진공 용기를 대기에서부터 배기를 해서 무한한 시간 동안 배기를 했을 때의 압력 강하 과정을 나타낸다. 용기 내부의 압력 변화는 다음 단계를 거쳐서 압력이 떨어지게 된다. 배기 초기에는 용기 내부 기체(공간기체) 제거 단계로 압력이 e^{-kt} 지수함수로 급격하게 감소한다. 여기서 k는 배기 속도와 부피에 관계된 계수이다. e^{-kt}는 앞서의

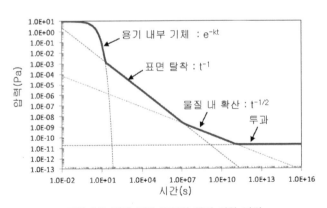

그림 3.5 배기 시간 영역별 압력 강하 과정

초기 배기Roughing Pumping 시와 같이 용기 내부의 기체를 제거하는 과정이다. 압력 강하 과정에서 용기 내부 기체 배기 시간은 짧은 시간 내에 완료된다. 진공 용기 내부의 기체가 거의 제거되면 다음은 표면 탈착 단계로 그림과 같이 압력이 완만하게 줄어든다. 표면에서 탈착되는 기체로 인해 t^{-1}에 비례하여 압력이 감소한다. 여기서 t는 시간이다. 그리고 배기시간이 1,000시간 정도에 도달하면 용기 표면의 불순물의 확산 특성이 일어나 $t^{-1/2}$에 비례하여 압력이 줄어든다. 이후에는 투과Permeation에 의한 기체가 방출되어 용기로 투과되는 비율과 배기량이 평형을 이루어 압력은 일정하게 유지된다. 대부분의 진공 장비는 기본적인 Leak(누출)가 조금이라도 있기 때문에 표면 탈착 과정 정도까지 압력이 떨어진다. 그리고 t^{-1}은 사실은 장비 상태에 따라서 t^{-n}으로 표시되는데 n=0.7~2.0 사이의 값을 가진다. 즉 압력 강하 과정의 대부분의 시간은 표면 탈착 과정을 거치게 된다.

:: 압력 강하 해석

여기서는 기체 방출Outgassing을 산출하고, 시간에 따른 압력 변화 값을 산출하는 방법을 언급하겠다. 일반적으로 고진공에서의 압력 강하는 앞에서 언급한 바와 같이 다음 식 (1)에 의해 계산된다. 또한 압력 P와 기체 방출률 Q, 배기 속도 S와의 관계식에 따라 Q=PS로 계산이 가능하다. 다음 식 (2) 방식이다.

$$P = (P_0 - P_{ult}) \times \exp\left(-\frac{S}{V}\right)t + P_{ult} \qquad (1)$$

$$P = \frac{Q}{S} \qquad (2)$$

여기서, P_0는 초기 압력, P_{ult}는 최대 도달 압력, S는 배기 속도, V는 용기 부피, Q는 기체 방출률Outgassing Rate이며, P_{ult}와 Q는 시간에 따라 변하는 값이다.

상기 (1)의 식에서 P_{ult}는 상기 (2)의 식과 같이 Q/S로 표현할 수 있다. 상기 (1)의 식이나 상기 (2)의 식에서 기체 방출률 Q는 일정한 값이 아니며, 시간에 따라 변하는 값이다. 단위면적당 기체 방출률은 보통 대기부터 진공 형성 1시간 후의 값으로 표기한다. 그리고 면적이 커지면 비례하여 같이 커진다. 우리가 진공 용기의 내부 표면적을 정확하게 계산한다는 것은 불가능하기 때문에 안전계수를 도입해서 계산하면 편리하다. 진공 형성 1시간 후의 면적당 기체 방출률을 Q_{1hr}라고 하고, 용기 내부 표면적을 S_0라고 하고, 면적 관련 안전계수를 G라고 하면, 기체 방출률 Q는 다음과 같이 정리할 수 있다.

$$Q = Q_{1hr} \times \left(\frac{3,600}{t}\right)^n \times S_0 \times G$$

여기서, t는 시간으로서 초 단위이다. 그러면 상기 (1)의 식 $P = (P_0 - P_{ult}) \times \exp(-S/V)t + P_{ult}$은 다음과 같이 정리된다.

$$P = \left(P_0 - Q_{1hr} \times \left(\frac{3,600}{t}\right)^n \times G \times S_0 \times \frac{1}{S}\right) \times \exp\left(-\frac{S}{V}\right)t +$$

$$\left(Q_{1hr} \times \left(\frac{3,600}{t}\right)^n \times G \times S_0 \times \frac{1}{S}\right)$$

상기 (2)의 식 P=Q/S은 다음과 같이 된다.

$$P = \left(Q_{1hr} \times \left(\frac{3,600}{t}\right)^n \times G \times S_0 \times \frac{1}{S}\right)$$

상기 (1) 식의 앞의 항은 저진공에서의 시간에 따른 압력 변화 식이므로 고진공에서는 그 항을 삭제해도 된다. 실제로 초기 압력 P_0는 초기 배기 Roughing Pumping가 끝난 압력인 대략 1 Pa을 넣고 계산해도 큰 차이는 없다. 결론적으로 고진공 배기 시는 상기 (2)의 식으로 시간에 따른 압력 변화를 계산하면 된다.

[그림 3.6]과 같은 실제 측정 Data에서 기체 방출의 값을 산출해보자. 우선 실제 압력 변화와 해석값을 일치시켜가면 된다. 즉 다음 과정을 거친다.

1) 표면 탈착 단계의 t^{-n}에서 n값 구하기(기울기)

$$n = \frac{\text{Log}(y_1) - \text{Log}(y_2)}{\text{Log}(x_1) - \text{Log}(x_2)}$$

2) t⁻ⁿ값의 그래프를 만들기

3) t⁻ⁿ그래프를 x축이나 y축으로 평행이동시켜 실제값에 일치시키기.

평행이동값은 용기의 기체 방출값과 펌프의 배기 속도값에 따라 달라

진다. 펌프의 배기 속도값을 알면 기체 방출값을 알 수 있다.

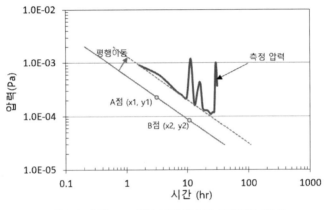

그림 3.6 측정 Data에서 기체 방출값 구하기(A 장비)

[그림 3.7]에서 실제 계산해보자. 앞의 압력식에 Log를 취해보면 다음과
같이 정리된다.

$$P = \left(Q_{1hr} \times \left(\frac{3,600}{t} \right)^n \times G \times S_0 \times \frac{1}{S} \right)$$

$$Ln\,P = Ln\left(\frac{3,600}{t} \right)^n + Ln\left(Q_{1hr} \times G \times S_0 \times \frac{1}{S} \right)$$

$$\mathrm{Ln\,P} = -\,n \times \mathrm{Ln}\!\left(\frac{t}{3,600}\right) + \mathrm{Ln}\!\left(Q_{1hr} \times G \times S_0 \times \frac{1}{S}\right)$$

$$\text{기울기} : -\,n, \ \text{절편} : \mathrm{Ln}\!\left(Q_{1hr} \times G \times S_0 \times \frac{1}{S}\right)$$

[그림 3.7]은 기울기 n=0.8, 1.0, 1.2의 경우의 해석값과 실제값을 비교하였는데, 그림과 같이 A 장비의 경우 t^{-n}에서 n=0.8에 가까운 값을 가진다. 나머지 절편값을 이동시켜 기체 방출값을 알아볼 수 있다. 다음에는 기체 방출값을 구해보겠다.

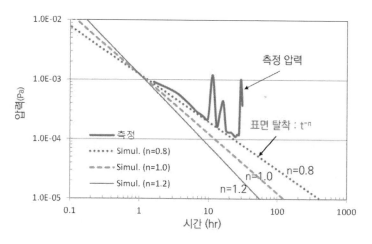

그림 3.7 측정 Data에서 기체 방출 n factor 구하기(A 장비)

:: 기체 방출의 계산

진공 용기가 Stainless Steel 용기이고 단순 계산 표면적이 다음과 같은 경우, 안전계수에 따라서 면적당 기체 방출률Outgassing Rate가 결정될 수 있다. 앞의 [그림 3.7]에서 A 장비의 경우를 실제와 해석 결과를 매칭Matching해본 결과는 다음과 같다.

- 단순 표면적 S_0 : 141 m^2
- 안전계수 G : 63
- 기체 방출 n factor : 0.8
- 배기 속도 S : 76.2 m^3/s라고 하면
- 면적당 기체 방출률(at 1hr) Q_{1hr}: $1.1{\times}10^{-5}$ Pa · $m^3/(s \cdot m^2)$로 계산된다.

단순 표면적의 계산은 정확하게 계산할 수 없기 때문에 안전 계수의 범위를 적당히 설정해서 계산해야 한다. 보통은 안전 계수는 40~70 정도가 알맞아 보인다. 앞에서 구한 면적당 기체 방출률을 바탕으로 시간에 따라 전체 기체 방출 그래프를 그려보면 [그림 3.8]과 같이 된다. A 장비의 시간에 따른 면적당 기체 방출률 Q_{1hr}, 전체 기체 방출률 Q 그리고 압력 P를 그려보았다. 실제로 장 시간 배기했을 때 압력이 $1{\sim}5{\times}10^{-5}$ Pa 아래로 떨어지지 않는 경우가 있는데 이는 용기 내부의 기체 방출값의 변화와 Leak(누출) 때문이다. 생산 조건

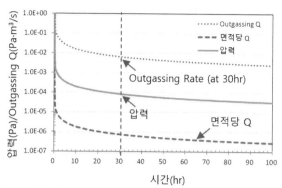

※ 면적당 Q는 안전계수가 반영되지 않은 장비의 단순 표면적 자체만의 Outgassing Rate임.

그림 3.8 기체 방출률 해석 결과(A 장비)

에 따라서 A 장비의 공정 시작 압력을 결정할 수 있다(A 장비는 30시간에서 50시간 사이의 압력값에서 생산을 시작한다).

　　마찬가지로 B 장비의 시간에 따른 면적당 기체 방출률 Q_{1hr}, 전체 기체 방출률 Q, 압력 P를 [그림 3.9]에 그려보았다. 앞의 A 장비보다는 압력이 떨어

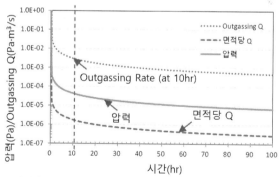

※ 면적당 Q는 안전계수가 반영되지 않은 장비의 단순 표면적 자체만의 Outgassing Rate임.

그림 3.9 기체 방출률 해석 결과(B 장비)

지는 속도가 빠르다. 생산 조건에 따라서 B 장비의 공정 시작 압력을 결정할 수 있다(B 장비는 10시간에서 20시간 사이의 압력값에서 생산을 시작한다).

지금까지는 용기의 기체 방출을 계산해보았는데, 용기와 용기 사이에 반송되는 Work에 대한 어느 시점의 기체 방출을 계산해보도록 하자(여기서 Work라는 것은 Glass와 Glass를 잡고 있는 Chuck 그리고 Chuck을 올려놓는 Mask를 일컫는 말이다). 만약 Glass, Chuck, 그리고 Carrier(Mask)의 세 가지 Work가 각각 다른 진공 용기에서 투입되어 [그림 3.10]과 같이 하나로 만나서 반송되는 경우에, 어느 시점에서의 기체 방출은 각 Work의 진공 노출 시간에 따라 계산할 수 있다. 앞에서 기체 방출률 Q는 다음과 같다.

$$Q = \left(Q_{1hr} \times \left(\frac{3,600}{t} \right) \times S_0 \times G \right)$$

여기서, Q_{1hr}는 진공 형성 1시간 후의 면적당 기체 방출률, t는 시간으로서 초 단위, S_0는 용기 내부 표면적, G는 면적 관련 안전계수이다.

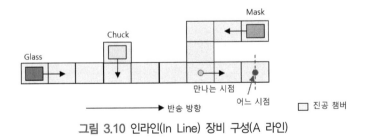

그림 3.10 인라인(In Line) 장비 구성(A 라인)

전체 기체 방출은 용기의 기체 방출과 Work 전체의 기체 방출을 합산하면 된다. 각각의 기체 방출을 다음과 같이 정의해볼 수 있다.

- Glass의 기체 방출률을 Q_G
- Chuck의 기체 방출률을 Q_C
- Carrier(Mask)의 기체 방출률을 Q_M
- 용기의 기체 방출률을 Q_{Ch}

그러면 어느 일정 시점에서의 전체 기체 방출률 Q_{Tot}는 다음과 같이 더해진다.

$$Q_{Tot} = Q_G + Q_C + Q_M + Q_{Ch} +$$

어느 일정 시점에서의 기체 방출을 계산해보면 [그림 3.11]과 같이 표현할 수 있다. 각 Work는 대기에 노출된 상태로부터 배기되기 때문에 단위면적당의 기체 방출이 많다. 용기의 경우는 대기 노출에서 수십 시간이 지난 상태이기 때문에 상대적으로 단위면적당의 기체 방출은 적지만 표면적이 크기 때문에 용기 전체의 기체 방출은 많은 편이다. Work가 투입된 후 지나가는 용기들은 표면적이 다르기 때문에 용기의 기체 방출은 다르게 표현되었다. Work들의 기체 방출은 시간의 함수로서 시간이 지나감에 따라 감소하게 된다. 다시

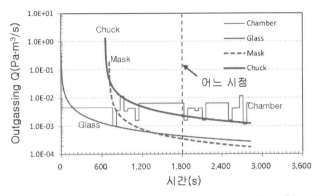

그림 3.11 Work의 투입 시간별 기체 방출과 각 용기의 기체 방출(A 라인)

한번 상기하면 기체 방출은 시간의 함수이다. 그림에서는 Chuck의 기체 방출과 용기의 기체 방출이 가장 많은 것으로 표현되었다.

:: 배기 속도 계산

우리가 기체 방출Outgassing값을 유량계MFC, Mass Flow Controller로 알고 있고, 압력도 측정해서 알고 있다면, 펌프Pump의 배기 속도Pumping Speed는 아래의 식으로 계산해볼 수 있다.

$$P = \frac{Q}{S} \rightarrow S = \frac{Q}{P}$$

여기서, P는 압력, S는 배기 속도, Q는 기체 방출률이다.

기체 방출률은 일정량의 기체Gas를 흘려주면서 변화시킬 수 있으며, 이때 압력의 변화를 측정하면 펌프의 배기 속도를 산출 할 수 있다. 다만 기체 유량이 아주 적을 경우 용기 내부에서 나오는 기체 방출을 감안해주어야 한다. 상기 방식으로 고진공 펌프의 배기 속도를 측정한다고 해도 오차는 대략 ±15% 발생한다고 한다.

예를 들어 [그림 3.12]와 같이 Gas를 흘리면서 압력을 측정하면 직선의 그래프가 그려지며 기체 방출의 증가분을 압력의 증가분으로 나누어주면 배기 속도를 산출할 수 있다. 즉 다음 식과 같다.

$$\text{배기 속도(Pumping Speed)} = \frac{\triangle Q}{\triangle P}$$

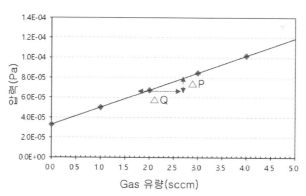

그림 3.12 Gas 유량에 따른 압력의 변화

[표 3.2]는 Gas를 실제 흘렸을 때의 압력 변화이다. 표의 값으로 산출된 배기 속도는 98.1 m³/s이다. 그러면 Gas를 흘리지 않는 경우에 압력이 3.28×10^{-5} Pa 이라면, 이때의 기체 방출률은 Q=PS에 의해 3.22×10^{-3} Pa·m³/s이 된다. 즉 용기의 기체 방출률이 3.22×10^{-3} Pa·m³/s라는 이야기이다.

표 3.2 Gas 유량에 따른 압력의 변화

Outgassing		압력(Pa)	△Q (Pa·m³/s)	△P(Pa)	Pumping Speed(m³/s)
sccm	Pa·m³/s				
0	–	3.28E−05	–	–	–
1	1.69E−03	5.00E−05	1.69E−03	1.72E−05	98.1
2	3.38E−03	6.72E−05	1.69E−03	1.72E−05	98.1
3	5.07E−03	8.44E−05	1.69E−03	1.72E−05	98.1
4	6.76E−03	1.02E−04	1.69E−03	1.72E−05	98.1

※ 기체(Gas) 유량을 흘리지 않은 경우에는 용기에서 나오는 기체 방출에 의해 압력이 결정됨.

앞에서 [그림 3.10] A 라인과 같이 용기가 나란히 인라인In Line으로 연결된 경우의 전체 기체 방출률 Q와 배기 속도 S를 구해보았는데, 그러면 전체 인라인에서의 압력 변화도 계산할 수 있다. 즉 각 진공 용기의 압력은 전체 기체 방출률 Q를 각 용기의 배기 속도 S로 나누면 계산이 된다. 즉 압력 P는 Q/S가 된다. Glass, Chuck 그리고 Mask를 투입한 시간으로부터 일반 용기와 가열 용기로 구분해서 압력을 표시하였다. 가열 용기의 경우에는 공정상 가열 Heating이 될 수도 있는데 이런 경우 Glass, Chuck, Mask 그리고 용기의 기체 방출이 모두 달라질 수 있으며, 이런 경우를 감안해서 기체 방출을 산출해야한다. 동일 용기에서 Glass, Chuck, Mask의 수량이 증가하면 압력은 더욱 상승하게 된다. [그림 3.13]은 Work(Glass+Chuck+Mask) 1개 투입에 따른 시간에 따른 용기별 압력을 표시하였다. 만약 Work가 여러 개 투입될 때는 압력이 더욱 상승한다.

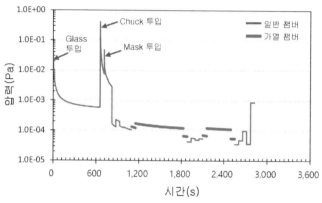

그림 3.13 Work 투입에 따른 용기별 압력 Trend(A 라인)

:: 압력 계산

[용기가 몇 개 연결된 경우]

용기가 파이프Pipe나 게이트 밸브Gate Valve로 연결되어 있고, 만약 각 용기별 압력이 $P_0 > P_2 > P_4$라고 하면, 용기별 압력은 [그림 3.14]와 같이 분포된다.

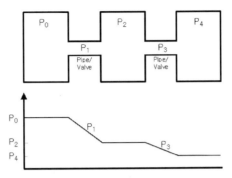

그림 3.14 몇 개 용기가 연결된 경우의 압력 분포(압력 $P_0 > P_2 > P_4$)

각 용기 사이의 파이프나 게이트 밸브는 전도로서 영향을 미치기 때문에 옆 용기의 압력이 서로 다르게 나타날 수 있다. [그림 3.15]는 진공 용기들 사이의 게이트 밸브가 열려서 연결되어 있는 경우에 대해, 저진공 용기인 용기 A(Loadlock 용기)의 압력이 고진공 용기인 용기 B~용기 D의 압력에 미치는

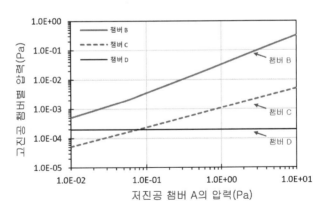

그림 3.15 저진공 용기 A의 압력에 따른 고진공 용기 B~용기 D의 압력 분포
(챔버 B와 챔버 C 사이에 있는 고진공 챔버 생략됨)

영향을 표시하였다. 용기 크기나 중간의 게이트 밸브의 전도에 따라 고진공 용기들의 압력은 다르게 나타난다. 고진공 용기 B는 저진공 용기 A의 영향을 가장 많이 받아서 저진공부터 고진공까지 압력 변화가 일어난다. 고진공 용기 D는 저진공 용기 A의 영향을 거의 받지 않고 일정한 압력을 유지한다.

[저진공 용기와 고진공 용기가 연결된 경우]

서로 다른 압력을 가진 용기 2개를 연결했을 때의 초기 압력은 보일의 법칙으로 $P_1V_1 + P_2V_2 = P_3(V_1 + V_2)$이다. [그림 3.16]과 [그림 3.17]은 예를 들어 계산한 결과이다. 게이트 밸브에 의해 고진공 용기 B와 저진공 용기 A가 분리된 상태에서, 게이트 밸브가 열리면, 즉 고진공 용기 B와 저진공 용기 A가 연결되면, 초기에는 고진공과 저진공의 중간값 정도의 압력이 나온다. 하지만 시간이 지나감에 따라 고진공 용기의 펌프에 의해 압력이 점점 떨어진다.

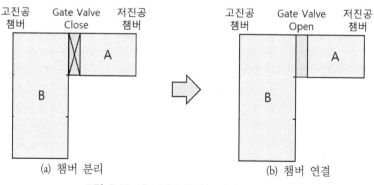

그림 3.16 서로 다른 압력을 가진 용기 연결

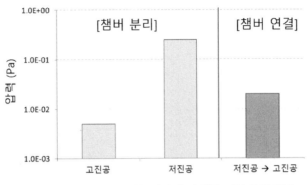

그림 3.17 서로 다른 압력을 가진 용기 연결 시의 초기 압력

좀더 정확한 계산을 위해서는 게이트 밸브의 부피까지 감안해주어야 하지만, 용기의 부피가 월등히 크기 때문에 여기서는 게이트 밸브의 부피는 생략해서 계산하였다.

[Glass가 투입되는 고진공 용기에서 다른 고진공 용기로 이동하는 경우]

[그림 3.18]은 고진공 Loading 용기에 있는 Glass가 고진공 Loading 용기와 분리된 다른 고진공 용기로 이동 시의 압력 변화이다. 이때 그림의 압력 변화 곡선을 통해 Glass만 또는 고진공 Loading 용기만의 예상 압력 추이를 알 수 있다. 이때 분석할 대상의 압력은 다음 세가지이다.

- Glass만의 압력 ①(Glass 기체 방출에 의한 부분압)
- 고진공 Loading 용기만의 압력 ②(고진공 Loading 용기의 부분압)

• 고진공 Loading 용기의 전체 압력 ③(①+②)

[그림 3.18]에서 Case 1의 경우, 고진공 Loading 용기와 고진공 Pass 용기가 게이트 밸브Gate Valve에 의해 분리가 되어 있다. 그리고 Glass는 고진공 Loading 용기에 존재한다. 이때의 고진공 Loading 용기의 압력을 [A구간]의 압력으로 표시하였다. Case 2의 경우, 고진공 Loading 용기와 고진공 Pass 용기가 연결되어 있고 Glass는 고진공 Pass 용기로 이동하였다. 이때의 고진공 Loading 용기의 압력을 [B구간]의 압력으로 표시하였다. 또한 Case 3의 경우, 고진공 Loading 용기와 고진공 Pass 용기가 다시 게이트 밸브에 의해 분리가 되어 있다. 이때의 고진공 Loading 용기의 압력을 [C구간]의 압력으로 표시하였다. [B구간]과 [C구간]의 압력 data로 고진공 Loading 용기만의 압력 ②를 알 수 있다. 또한 Glass만의 압력 ①과 고진공 Loading 용기만의 압력 ②를 더하면 전체 압력 ③을 구할 수 있다. 상기 방식으로 Glass만의 압력 ①은 ③-

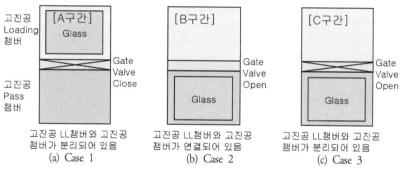

그림 3.18 서로 다른 압력을 가진 용기 연결(D 장비)

②이다. 그러면 Glass의 기체 방출도 구할 수 있다.

이렇게 계산된 결과와 실제 압력 분포가 [그림 3.19]와 같이 나타난다. 실제 측정 결과를 보면 20초 이후에 다르게 나타나는데 고진공 Loading 용기를 vent하지 않고 계속 진공을 형성할 경우에는 고진공 Loading 용기만의 압력 ②의 그래프와 같이 나타날 것으로 예상된다.

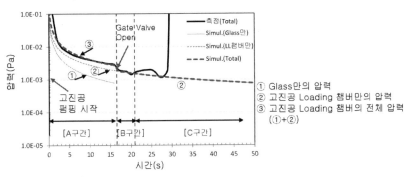

그림 3.19 고진공 Loading 용기에서 압력 변화(D 장비)

[Carrier(Mask)가 저진공 Loading 용기에서 고진공 용기로 이동하는 경우]

[그림 3.20]은 저진공 Loading 용기에 있는 Carrier가 저진공 Loading 용기와 분리된 다른 고진공 Pass 용기로 이동 시의 고진공 Pass 용기의 압력 변화이다. 앞서와 마찬가지로, 그림의 압력 변화 곡선을 통해 Carrier만의 또는 저진공 Loading 용기만의 또는 고진공 Pass 용기만의 예상 압력 추이를 알 수 있다. 이때 분석할 대상의 압력은 다음 네 가지이다.

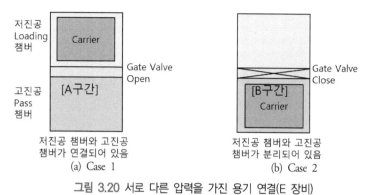

그림 3.20 서로 다른 압력을 가진 용기 연결(E 장비)

- Carrier만의 압력 ①(Carrier 기체 방출에 의한 부분압)
- 저진공 Loading 용기만의 압력 ②(저진공 Loading 용기의 부분압)
- 고진공 Pass 용기만의 압력 ③
- 고진공 Pass 용기의 전체 압력 ④(①+②+③)

[그림 3.20]에서 Case 1의 경우, 저진공 Loading 용기와 고진공 Pass 용기가 연결되어 있다. 그리고 Carrier는 저진공 Loading 용기에 존재한다. 이때의 고진공 Pass 용기의 압력을 [A구간]의 압력으로 표시하였다. Case 2의 경우, 저진공 Loading 용기와 고진공 Pass 용기가 게이트 밸브에 의해 분리가 되어 있다. Carrier는 고진공 Pass 용기로 이동하였다. 이때의 고진공 Pass 용기의 압력을 [B구간]의 압력으로 표시하였다. [B구간]의 전체 압력은 Carrier만의 압력 ①과 고진공 Pass 용기만의 압력 ③의 합이다. 고진공 Pass 용기만

의 압력 ③은 비율이 작기 때문에 [B구간]에서의 전체 압력은 Carrier만의 압력이 대부분을 차지할 것이다. [A구간]에서 고진공 Pass 용기의 전체 압력은 Carrier만의 압력 ①과 저진공 Loading 용기만의 압력 ②, 그리고 고진공 Pass 용기만의 압력 ③의 합이다. [B구간]에서 측정값과 해석Simulation 값이 약간 차이가 있는데 이것은 저진공 Loading 용기의 부분 압력이 고진공 Pass 용기에 영향을 덜 주기 때문이다. [A구간]에서 Carrier만의 기체 방출을 구할 수 있고, [B구간]에서 저진공 Loading 용기만의 기체 방출을 구할 수 있다. 이렇게 계산된 결과와 실제 압력 분포가 [그림 3.21]과 같이 나타난다.

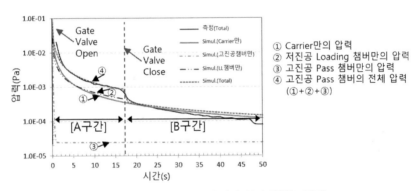

그림 3.21 고진공 Pass 용기의 압력 변화(E 장비)

:: 진공 해제

진공 해제Vent는 진공 용기의 진공을 해제하여 대기압을 만드는 것이며, 부피 V의 진공 용기가 압력이 P_0인 외부 환경에 전도 F로 연결되는 경우 진공 용기 속의 압력은 다음 식으로 구할 수 있다. 배기 시와 비슷하게 진공 용기 내에 기체 분자의 변화율은 단위시간당 용기 안으로 유입되는 기체의 양과 유출되는 기체의 양 사이의 차이일 것이다. 이를 식으로 정리해보면 다음과 같다.

$$V \frac{dP}{dt} = Q_{in} - Q_{out}$$

여기서, V는 용기 부피, P는 압력, Q_{in}는 진공 용기 내로 유입되는 기체의 양, Q_{out}은 기체의 유입을 방해하는 기체의 양, S는 배기 속도다. 앞의 식에서 전도 F를 도입해서 다시 정리해보면 다음과 같이 정리된다.

$$V \frac{dP}{dt} = FP_0 - FP$$

여기서, P_0는 외부 압력, F는 전도, V는 용기 부피, t는 시간이다.

$$\int_0^{P_t} \frac{dP}{P_0 - P} = \frac{F}{V} \int_0^t dt$$

$$\rightarrow -\left(Ln(P_0 - P_t) - Ln(P_0)\right) = (F/V)t$$

$$\rightarrow Ln\left(\frac{P_0 - P_t}{P_0}\right) = -(F/V)t$$

다시 정리하면 Vent 시의 진공 용기의 압력 P_t는 다음 식으로 정리될 수 있다.

$$P_t = P_0\left(1 - exp\left(-\frac{F}{V}\right)t\right)$$

여기서, P_0는 외부 압력, F는 전도, V는 진공 용기 부피, t는 시간이다. 전도 F는 구멍의 크기와 길이에 따라 흐르는 유량을 고려해서 계산하면 된다. 전도는 나중에 설명하겠다. [그림 3.22]에서는 Vent 곡선 (1)과 Vent 곡선 (2)는 전도 F가 2배로 차이가 날 경우의 Vent 곡선이다. 전도가 2배인 것이 전도가 1배인 것보다 Vent 시간이 반으로 줄어든다. 상기 형태의 식은 Vent 시 진공 용기에 압력이 차면서 기체의 흐름을 방해하므로 압력이 상승하는 속도가 감소하게 된다. Vent 시에 기체 흐름을 방해받지 않도록 하면 들어가는 기체의 양을 일정하게 할 수 있다. 이때는 이상기체 상태 방정식인 다음 식으로 압력의 상승 값을 알 수 있다.

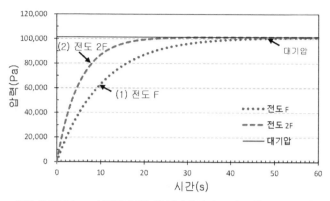

그림 3.22 Vent 시간별 압력 상승(기체의 흐름이 영향 받는 경우)

$$PV = nRT$$

여기서, P는 압력, V는 부피, n는 단위부피당 분자 수, R은 기체 상수, T는 절대 온도이다.

여기서 압력 P와 단위부피당 분자 수 n은 비례한다. 단위부피당 분자 수 는 mole 수로 볼 수 있는데, Vent 시간 변화에 따라 mole 수의 변화가 일정하 게 늘어나므로 [그림 3.23]과 같은 압력 상승값을 구할 수 있다. 그림에서 측정 data가 1기압 이상의 압력까지 올라가는 이유는 Over Vent로 인해 1기압 이상 의 압력이 몇 초간 유지되다가 최종적으로는 1기압 압력으로 수렴하기 때문 이다. Vent를 빨리 하려면, 전도 F값을 늘려주거나, 용기 부피 V를 줄여주면 된다. 일반적으로 진공 용기에서는 CDA나 N_2 기체를 사용하여 Vent를 하는 데, Vent 기체 압력을 높여주면 전도 F가 상승하여 배기 시간을 짧게 할 수 있

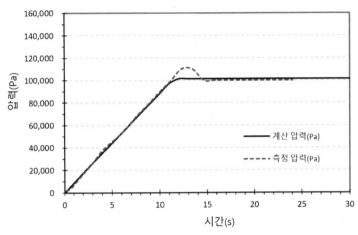

그림 3.23 Vent 시간별 압력 상승(기체의 양이 일정하게 들어간 경우)

다. [그림 3.24]는 Vent 기체 압력이 증가함에 따라 Vent 시간이 감소함을 보여
주고 있다.

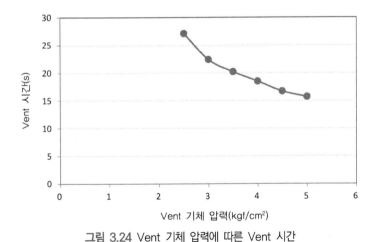

그림 3.24 Vent 기체 압력에 따른 Vent 시간

기체의 흐름이 영향을 받는 경우에 대해서 Vent가 완료되는 데 필요한 시간 t는 다음과 같이 계산할 수 있다.

$$t = \left(\frac{V}{F}\right) \times Ln \left(\frac{P_0}{P_0 - P_t}\right)$$

만약 전도 F가 300 L/s, 용기 부피 V가 5,000 L, 외부 압력 P_0가 1 bar, 목표 압력 P_t가 0.99 bar라면, 목표 압력에 도달하는 데 걸리는 시간은 약 77초 정도이다.

:: 압력 상승량 계산

진공 용기의 기체 방출률을 측정하는 방법으로 이용되는 압력 상승법 Build-up Test에서 시간에 따른 압력 변화도 vent(진공 해제)와 같은 식으로 표현된다. 압력 상승법 Build-up Test은 RORRate Of Rising이라고도 한다. 압력 상승은 진공 용기의 상태를 알 수 있는 잣대가 된다. 일반적으로 Batch System에서는 기체 방출률이 $\sim 10^{-3}$ Pa $\cdot$ m³/s, 고진공 In Line System에서는 기체 방출률이 $\sim 10^{-4}$ Pa $\cdot$ m³/s 정도된다. 진공 용기의 기체 방출률 측정 시의 압력은 다음과 같이 표현된다.

$$P = P_0 \times \left(1 - \exp\left(-\frac{F}{V}\right)t\right)$$

여기서, P_0는 외부 압력, F는 전도, V는 진공 용기 부피, t는 시간이다. 만약 기체 방출률이 2.5×10^{-4} Pa·m³/s로 측정된 경우, sccm 단위로 변경하면 0.15 sccm이다. 즉 이 값을 전도 F로 놓고 계산하면 시간에 따른 압력 상승값을 알 수 있게 된다. 전도 $F = 2.46 \times 10^{-6}$ L/s이다. 여기서 부피 V는 7,500 L, 외부 압력 P_0는 101,325 Pa이라고 하면, 시간에 따른 압력 상승값은 [그림 3.25]와 같이 나타나며, 측정값과 해석값이 잘 맞는다.

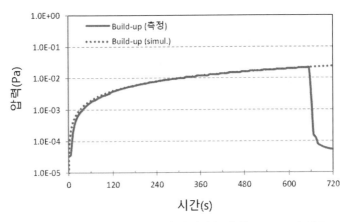

그림 3.25 압력 상승법(Build-up) 측정값과 해석(Simulation) 비교

:: 압력 증가의 원인

진공 용기에서 펌프를 사용하지 않고, 기체를 주입하지 않는데도 압력이 증가하는 원인은 몇 가지 경우로 설명할 수 있다. 증발현상, 기체 방출, Leak (누출), 역류 및 확산 등으로 인해 압력이 증가한다.

- 증발Evaporation은 진공 용기 내의 각종 물질로부터 발생하는 증기로 고체 상태 물질이나, 액체의 흔적이 원인이 된다. 온도가 증가하면 증발이 증가한다.
- 기체 방출은 진공 용기 내벽의 표면이나 진공 용기에 사용하는 Sealing 재료 등 각종 물질 속에 흡착되어 있던 입자들이 서서히 탈착되어 방출된다.
- Leak(누출)는 불완전한 진공 밀폐Vacuum Sealing로 인하여 진공 시스템이 새는 경우 발생한다.
- 역류Back Stream는 펌프 쪽으로부터의 펌프 오일 등의 분자가 역류되는 경우에 발생한다. 주로 분자 운동에 의해 기체 상태로 역류된다.
- 이 밖에 확산Diffusion, 투과Permeation, 가성 누출Virtual Leak 등이 압력을 증가시키는 원인이 된다고 알려진다.

[그림 3.26]에 진공 시스템에서 압력 상승의 여러 가지 요인을 그려놓았다.

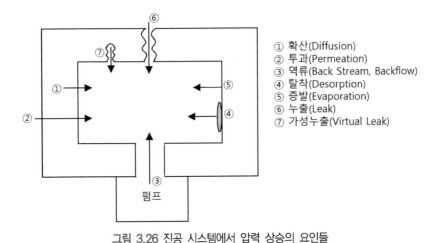

그림 3.26 진공 시스템에서 압력 상승의 요인들

:: 누출의 정의

Leak Rate는 단위시간당 진공 시스템으로 유입 또는 유출되는 기체량으로 진공 시스템의 부피에 압력을 곱한 양을 시간으로 나눈 것이다. 즉 다음과 같은 식으로 표현된다.

$$\text{Leak Rate } Q = \frac{(P_2 - P_1)V}{t_2 - t_1} = \frac{(P_2 - P_1)V}{t}$$

여기서, P_2는 어느 시간 t_2에서의 진공 시스템 내부의 압력, P_1는 어느 다른 시간 t_1에서의 진공 시스템 내부의 압력, V는 진공 시스템의 부피, t는 t_2시간과

t_1시간의 차이이다.

Leak Rate Q의 단위는 기체 방출률의 단위와 같다. 즉 Torr · L/s, Pa · m³/s 또는 sccm 단위로 쓸 수 있다. Leak의 발생 원인은 다음과 같이 분류할 수 있다.

- 연결부위의 Leak : 용접한 부위에 미세 크랙이 있는 경우 또는 오링 연결 부위가 불균일하게 연결된 경우에 발생

- 재질이나 원소재 자체의 결함 : 원소재에 미세한 구멍이나 기체 경로가 있는 경우, 불균일한 조성 또는 균열이 있는 경우에 발생

- 용도에 맞지 않는 재질의 선택 : 금속 재질을 사용하여야 할 부분에 너무 얇은 유리를 사용한다거나, 다공질 물질을 사용, 테플론 재질 등을 사용하는 경우에 발생

- 기체 방출 : 표면 처리 및 연마가 잘못되어 오염이 있거나, 표면이 거칠어져 기체 분자가 붙을 수 있는 자리가 많은 경우에 발생

- Virtual Leak : 틈새나 용접을 이중으로 하거나 가스켓을 이중으로 사용하는 경우에 발생

Leak Detector는 Leak의 위치를 확인하고 그 양을 측정하는 장치나 시스템을 말한다. 보통은 He Leak Detector를 많이 사용한다. 헬륨을 사용하는

이유는 헬륨은 불활성 기체 가운데 가장 가볍기 때문에 다른 불활성 기체에 비해 작은 틈새로도 쉽게 지나갈 수 있고 다른 기체나 용기와 반응하지 않기 때문이다. 또한 공기 중의 농도가 5 ppm 정도의 극소량으로 다른 기체와의 noise도 작고, 다른 불활성 기체에 비해 가격이 상대적으로 저렴하고, 무독성, 무해 그리고 폭발의 위험이 없는 등 장점이 많다.

He Leak Detector의 Leak Rate는 보통 세 가지 종류의 단위로 표시된다. 즉 $Torr \cdot L/s$, $mbar \cdot L/s$, $Pa \cdot m^3/s$ 등으로 표시된다. 저진공의 경우는 용기의 Leak Rate를 보통 $1 \times 10^{-7} Torr \cdot L/s$ 이하로 떨어뜨린 후 Leak Check를 하고, 고진공의 경우 용기의 Leak Rate를 $5 \times 10^{-9} Torr \cdot L/s$ 이하로 떨어뜨린 후 Leak Check한다. Leak Rate $1 \times 10^{-7} Torr \cdot L/s$는 용기에 8×10^{-6} sccm 정도의 He이 존재한다는 의미이고, Leak Rate $5 \times 10^{-9} Torr \cdot L/s$는 용기에 4×10^{-7} sccm 정도의 He이 존재한다는 의미이다.

Leak Check 방법에는 몇 가지가 있으나, 보통은 프로브법probe test과 스니퍼법sniffer test을 사용한다. 프로브법은 가장 흔하게 사용하는 검출 방법으로 [그림 3.27]과 같이 Leak Detector를 진공용기에 장착하고, 누출이 예상되는 대상 부위에 헬륨 기체를 뿌려가면서 Leak를 추적하는 방식이다. 누출 위치를 비교적 용이하게 찾을 수 있으며, 누출의 크기도 파악할 수 있다.

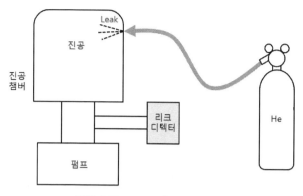

그림 3.27 프로브법(Probe Test)

프로브법으로 Leak 부위를 정밀하게 검사하기 위해서는 대상물의 Leak 지점을 위에서 아래 방향으로 순차적인 방식으로 검출하고, 또한 누설의 감도를 높이기 위해 검사하지 않는 부분은 격리하고 측정하기도 한다.

스니퍼법은 [그림 3.28]과 같이 프로브법과 반대로 누출을 확인하고자 하는 용기나 부품의 내부로 헬륨 기체를 주입한 후, 균열이나 구멍으로 새어나

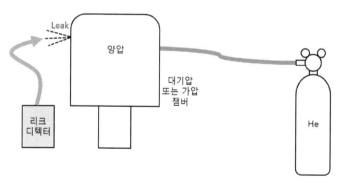

그림 3.28 스니퍼법(Sniffer Test)

오는 헬륨을 Leak Detector로 검사하는 방식이다. 이러한 방법은 검출하려는 부분에 특수한 형태의 스니퍼 프로브를 사용하게 되며, 대기 중으로 빠져나온 헬륨은 분산되기 때문에 감도가 떨어지고 누출률을 알기가 어렵다. 보통 검출도는 1×10^{-6} Pa $\cdot$ m^3/s 정도이다.

:: 기체 방출의 측정

물질이 대기나 진공 중에 놓이면, 물질의 표면으로부터 기체Gas의 Outgassing이 발생한다. 기체가 나오는 이유는 보통 증발과 기체 방출 Outgassing 등에 의해 설명된다(증발은 증기압 차이에 의해 기체가 방출됨). 기체가 나오는 정도는 압력과 온도, 표면 형상 그리고 표면에 흡착된 에너지에 의해 영향 받는다. 기체 방출의 단위는 Torr $\cdot$ L/s, Pa $\cdot$ m^3/s이다. 기체 방출의 계산법은 앞에서도 설명한 바와 같이 다음과 같다.

$$Q = P \times S$$

여기서, P는 압력Pressure, S는 배기 속도Pumping Speed이다. 위 식의 배기속도를 다시 정리하면 다음과 같이 된다.

$$Q = V \frac{dP}{dt}$$

여기서, V는 부피이다. 기체 방출의 측정은 [그림 3.29]와 같이 압력 상승법 Build-up Test으로 측정하는 방법과 유량법Throughput Test으로 직접 측정하는 두 가지의 방법이 있다. 압력 상승법은 진공 용기를 펌프와 차단한 후 압력 변화로부터 측정한다. 다음 식으로 계산할 수 있다.

$$Q = V \frac{dP}{dt}$$

$$P = P_0 + \frac{Q}{V} t$$

여기서, P_0는 진공 밸브를 닫기 전의 압력이다.

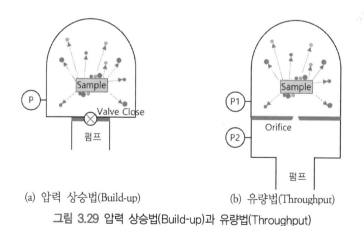

(a) 압력 상승법(Build-up)   (b) 유량법(Throughput)

그림 3.29 압력 상승법(Build-up)과 유량법(Throughput)

압력 상승법의 경우 실제로는 재흡착, 기체의 유입 등으로 인해 정확도가 떨어지기도 한다. 유량법Throughput Test은 청정한 고진공 시험 용기에서 기체 방출 Q＝C(P₁－P₂)를 이용해서 기체 방출을 구한다. 여기서 C는 Orifice의 전도Conductance이고, P는 압력이다. 전도 C는 분자류 영역에서 온도와 기체의 종류를 알면 결정되므로 압력 차이에 의해 기체 방출 Q를 구할 수 있다. 또한 유량법에서 진공 용기가 큰 경우는 압력 게이지 위치에 따라 측정되는 압력이 달라질 수 있기 때문에 계산되는 기체 방출 값도 오차가 발생할 수 있다. 그래서 유량법으로 기체 방출을 측정할 때는 소형 진공 용기를 최대한 오랫동안 배기하여 측정하기도 한다.

압력 상승법을 활용해서 Work 또는 용기의 기체 방출을 측정할 수 있다. 우선 대기압 상태로부터 얼마의 시간이 지난 후에 측정한 값인가를 알아야 한다. [그림 3.30]의 경우는 4시간 후에 측정한 값이라는 것을 알 수 있다.

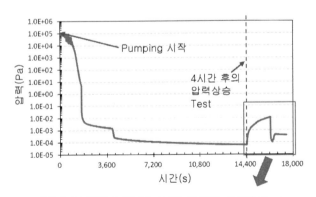

그림 3.30 대기 노출부터 4시간 후 압력 상승법 Test

앞에서와 같이 진공 형성 1시간 후의 면적당 기체 방출률을 Q_{1hr}라고 하고, 용기 내부 표면적을 S_0라고 하고, 면적 관련 안전계수를 G라고 하면, 기체 방출률 Q는 다음과 같이 정리된다고 했다.

$$Q = Q_{1hr} \times \left(\frac{3,600}{t}\right)^n \times S_0 \times G$$

$$Q = Q_{1hr} \times S_0 \times G \times \left(\frac{3,600}{t}\right)^n$$

여기서, t는 시간으로서 초 단위이다. $Q_{1hr} \times S_0 \times G$ 곱한 값을 1시간 후의 면적 포함 기체 방출률 Q_{1hr}(면적)이라고 한다. [그림 3.30]의 일부를 [그림 3.31]에 다시 그려보았다.

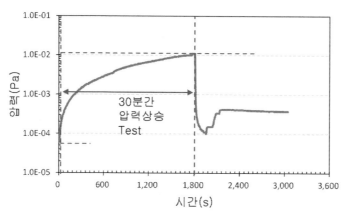

그림 3.31 압력 상승법 Test(30분간 진행)

그림에서 용기와 펌프 사이의 밸브를 닫아서 30분간 압력 상승법 Test(이때 측정 시작 시간은 대기 노출로부터 4시간 후임)를 통해 기체 방출률 Q가 $1.4 \times 10^{-4}\ Pa \cdot m^3/s$라고 측정되면, 다음과 같이 1시간 후의 면적 포함 기체 방출률 Q_{1hr}(면적)은 $5.6 \times 10^{-4}\ Pa \cdot m^3/s$가 된다(여기서 n은 1로 계산함).

$$1.4 \times 10^{-4} = \text{Outgassing Rate } Q_{1hr}(\text{면적}) \times \left(\frac{3,600}{3,600 \times 4}\right)^{1}$$
$$\rightarrow \text{Outgassing Rate } Q_{1hr}(\text{면적}) = 5.6 \times 10^{-4}\ Pa \cdot m^3/s$$

1시간 후의 면적 포함 기체 방출률 Q_{1hr}(면적)값 $5.6 \times 10^{-4}\ Pa \cdot m^3/s$를 활용해서 시간에 따른 기체 방출률 Q의 그래프를 그리면 [그림 3.32]가 된다.

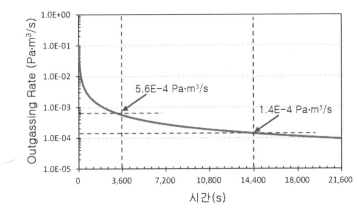

그림 3.32 압력 상승법으로 계산된 기체 방출률 그래프

압력 상승법을 활용해서 용기만의 기체 방출을 측정했을 경우와 용기 내에 Work(Glass, Chuck, Mask)가 포함된 기체 방출을 측정한 결과를 [그림 3.33]에 비교하였다. 그림에서 압력의 차이는 Work에 의해서 발생한 차이이며, 용기와 Work의 기체 방출에서 용기의 기체 방출을 빼면 Work만의 기체 방출을 산출할 수 있다. 용기와 Work를 포함한 기체 방출이 7.8×10^{-4} Pa · m^3/s이고, 용기만의 기체 방출이 3.1×10^{-4} Pa · m^3/s이라면, Work의 기체 방출은 4.7×10^{-4} Pa · m^3/s이 된다. 여기서 주의할 점은 용기만의 기체 방출과 용기와 Work의 기체 방출 측정 시간은 동일한 기준으로 비교해야 한다. 즉 대기 노출로 부터 배기하여 압력 상승법을 측정한 시간이 동일해야 한다는 것이다. 용기의 경우는 배기 후 수십 시간이 지나면 기체 방출값이 큰 차이는 없는 경우가 많다.

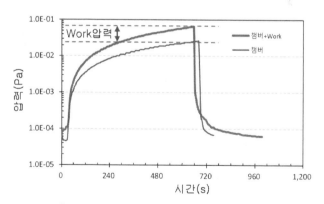

그림 3.33 용기와 용기+Work 투입 시의 압력 상승

이번에는 유량법을 이용하여 어떤 물질의 기체 방출률을 산출해보자.
[그림 3.34]와 같이 샘플이 없는 상태에서의 기체 방출을 산출하고, 샘플이 있
는 상태에서의 기체 방출을 산출하여, 두 개의 차이를 구하면 샘플만의 기체
방출을 알 수 있다.

시험용기만의 기체 방출 $Q_E = C(P_{E1} - P_{E2})$

시험용기+샘플의 기체 방출 $Q_L = C(P_{L1} - P_{L2})$

샘플의 기체 방출 $Q_S = Q_L - Q_E = C(P_{L1} - P_{L2}) - C(P_{E1} - P_{E2})$

실제 측정한 [그림 3.34]의 값을 대입해서 계산해보면 샘플의 기체 방출은
3.46×10^{-7} Pa·m³/s이 된다. 만약에 샘플의 표면적이 20 cm²이라면 단위면
적당의 기체 방출률은 1.78×10^{-8} Pa·m³/(s·cm²)이 된다. 여기서 전도 C는

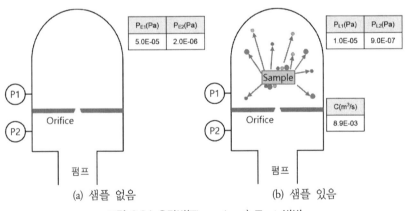

그림 3.34 유량법(Throughput) Test 방법

Orifice의 전도다. 전도의 계산 방법은 별도로 설명하겠다.

기체 방출 그래프의 값을 무한대로 적분하면, 어떤 시료 또는 용기가 머금고 있는 총 기체 방출량을 산출할 수 있다. [그림 3.35]는 Loadlock 용기의 시간에 따른 기체 방출률 및 압력을 표현하고 있는데, 이 기체 방출 그래프를 시간 구간별로 구분해보자. 즉 100초, 3,600초, 24시간, 10일 그리고 30일 등으로 구분해서, 시간 구간별 기체 방출을 합하여 부피와 질량 단위로 바꾸어보면 [표 3.3]과 같이 여러 가지 양으로 기체 방출을 계산할 수 있다. 30일간의 기체 방출은 초기 저진공 펌핑하는 구간, 표면 탈착 구간, 물질 내 확산 구간 등이 포함되었다고 볼 수 있다. [그림 3.35]와 [표 3.3]의 Loadlock 용기에서, 만약 배출되는 기체 방출이 전부 물이라고 가정할 때 대략 1 g 정도의 물이 포함된 용기(대기 노출 시 1 g 정도의 물이 흡착된다)라는 것으로 예상할 수 있다. Loadlock 용기가 대기에 노출되는 시간에 따라 흡착되는 물의 양은 변화한다. 초기 배기 시는 용기 내부 부피에 포함되어 있는 기체 분자들이 제거 되고, 용기 표면에 붙어 있는 기체 분자들은 제거되지 않기 때문에 엄밀히 말하면 기체 방출의 양은 극히 미량일 것으로 예측된다. 즉 대기압부터 1 Pa 정도까지 배기되는 시간 동안은 용기 표면의 기체 방출은 거의 없다고 생각하면 된다. 보통 Loadlock 용기에서 1 Pa까지 걸리는 시간이 100초라면, 그 100초간은 기체 방출은 없다고 고려하고 계산하면 될 것 같다.

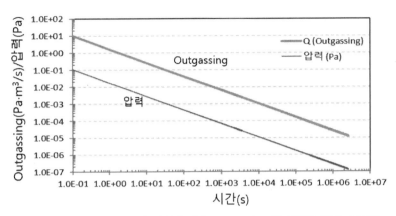

그림 3.35 Loadlock 용기의 시간에 따른 Outgassing 및 압력(A 장비, 고진공)

기체 방출을 질량으로 환산하는 방법은 이상기체 상태 방정식에서 추론할 수 있다. 이상기체 상태 방정식은 다음과 같다.

$$PV = nRT$$

여기서, P는 압력, V는 부피, T는 절대온도, n은 단위부피당 분자 수(또는 몰수), R은 기체 상수라고 한다.

앞서와 같이 기체 방출률은 다음과 같이 정리할 수 있다.

$$Q = \frac{d(PV)}{dt} = \frac{d(nRT)}{dt} = \frac{dn}{dt}RT$$

$$\rightarrow \frac{dn}{dt} = \frac{Q}{RT} \left[\frac{mol}{s} \right]$$

[표 3.3]에서 100초에서 3,600초 사이 구간의 기체 방출률을 계산해보면 다음과 같이 약 0.009몰이 나온다(여기서 기체 상수 R=8.31 Pa·m³/(K·mol) 적용).

$$\frac{dn}{dt} = \frac{Q}{RT} \left[\frac{mol}{s} \right]$$

$$dn = \frac{Qdt}{RT} \ [mol]$$

$$= \frac{21.47 \, Pa \times m^3}{8.31 \, Pa \times m^3/(K \cdot mol) \times 273 \, K}$$

$$= 0.009464 \ [mol]$$

표 3.3 Loadlock 용기의 시간 구간별 기체 방출 총합과 부피, 질량 환산값(방출되는 기체가 전부 물이라고 가정 시)

시간 구간	ΣQ값(Pa·m³/s)	sccm	부피(L)	질량(g)
0~100초(100초)	23.54	13,937.9	0.232	0.187
100~3,600초(~1시간)	21.47	12,709.9	0.212	0.170
3,600초~24시간(23시간)	37.35	22,116.0	0.369	0.296
1~10일(9일)	46.30	27,413.1	0.457	0.367
11~30일(20일)	30.82	18,250.3	0.304	0.244
Total	159.48	94427.3	1.574	1.265

방출되는 기체가 전부 물(H_2O)이라고 가정하면(진공 용기의 표면 상태에 따라 다르겠지만 고진공에서 방출되는 기체의 70% 또는 85% 정도가 물이라는 자료도 있다), 물 1 mole당 질량은 18 g을 이용하여 방출되는 물의 질량을 계산하면 된다. 100초에서 3,600초 사이 구간을 질량 유량으로 계산해보면 다음과 같이 된다.

$$\frac{dn}{dt} = \frac{dn/dm}{dt/dm} \rightarrow \frac{dm}{dt} = \frac{dn}{dt} \times \frac{dm}{dn} \rightarrow dm = dn \times \frac{dm}{dn}$$

$$= 0.009464\,[mole] \times 18\left[\frac{g}{mole}\right]$$

$$= 0.17\,[g]$$

즉 100초에서 3,600초 사이 구간에서 방출되는 기체가 모두 물이라고 가정하면 그 양은 0.17 g 정도 된다는 이야기이다. 시간을 확장해서 30일간 방출되는 기체의 질량유량을 계산해보면 [표 3.3]에서와 같이 약 1.3 g 정도가 된다.

:: 대기 환경과 N_2 환경, 진공 환경의 비교

진공 용기 속의 입자 수는 압력이 낮아질수록 감소하는데, 아보가드로 Avogadro 가설을 활용해보면 0°C, 1기압(760 Torr, 1×10^5 Pa) 22.4 L에는 6×10^{23}

개의 분자가 존재한다. 그러면 $0°C$, 1기압(760 Torr, $1×10^5$ Pa) 1 cm^{3}에는 $2.69×10^{19}$개의 분자가 존재한다. [그림 3.36]에 압력에 따른 분자 수 그래프를 그려보았고, [표 3.4]에 압력에 따른 분자 수를 표시하였다.

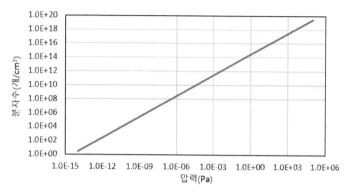

그림 3.36 압력에 따른 분자 수 변화

표 3.4 압력에 따른 분자 수 변화

압력(Pa)	압력(Torr)	분자 수/cm^3
101,325	760	2.69E+19
10,000	75	2.66E+18
1,000	8	2.66E+17
100	0.75	2.66E+16
10	7.5E−02	2.66E+15
1	7.5E−03	2.66E+14
1.0E−01	7.5E−04	2.66E+13
1.0E−05	7.5E−08	2.66E+09
1.0E−10	7.5E−13	2.66E+04
1.0E−14	7.5E−17	2.66

만약 대기 중에서 1%의 수분이 있다면 1 cm³에는 2.69×10¹⁷개의 물분자가 존재하게 된다. 만약 대기중에서 200 ppm의 수분이 있다면 1 cm³에는 5.36×10¹⁵개의 물분자가 존재한다. 대기압 1 cm³에서 5.36×10¹⁵개의 분자가 존재한다는 것은 진공 환경에서는 20 Pa에 존재하는 분자의 수와 같다는 이야기이다. 즉 20 Pa 압력에서 존재하는 분자가 모두 물분자라고 가정한다면(실제는 질소가 가장 많을 것이다) 이것은 대기 환경에서 물의 성분이 200 ppm 존재하는 것과 같은 수치이다(진공 20 Pa 압력은 대기 200 ppm과 같은 수준이라고 볼 수 있다). 만약 대기압에서 5 N 순도(99.999%)의 N₂ 환경은 10 ppm 수준의 불순물이 포함된 것으로, 만약 이 불순물이 모두 물분자라고 하면, 대기 환경, N₂ 환경, 진공 환경에서의 물분자 포함 수준을 대략적으로 비교해볼 수 있다.

[표 3.5]는 불순물이 모두 물분자라고 가정 시의 대기 환경 200 ppm, 100 ppm, 10 ppm 각각을 N₂ 환경, 진공 환경과 비교해본 결과이다.

표 3.5 대기, N₂, 진공 환경의 순도 비교(불순물이 전부 물인 경우 가정)

구분	대기 환경	N₂ 환경		진공 환경
Case1	200 ppm	3 N8	200 ppm	20 Pa
Case2	100 ppm	4 N	100 ppm	10 Pa
Case3	10 ppm	5 N	10 ppm	1 Pa

:: 전도의 의미

배기 능력은 기체가 펌프까지 얼마나 쉽게 도달할 수 있느냐에 달려 있다. 진공 용기에서 나온 기체 분자들이 대기 중으로 나오기까지는 여러 가지 진공 부품들을 통과한다. 기체 분자들이 대기 중으로 배기되어 나오기까지의 통과의 난이도를 전도Conductance라고 한다. 전도는 진공 시스템을 설계할 때 중요하게 고려되어야 한다. 진공 부품의 모양은 크게 구멍Orifice, Aperture, Hole과 관Pipe으로 나눌 수 있으며, 관은 단면이 원형인 경우 튜브Tube라 하고 사각형일 때는 덕트Duct(사각형 Pipe)라고 한다. [그림 3.37]과 같이 구멍의 안쪽과 바깥쪽, 또는 관의 양쪽에 있어 기압차가 있을 때 알짜 흐름Net Flow(유량) Q가 발생한다. 이때 관 양쪽의 기압차를 ΔP라 하면 다음 관계식이 성립한다.

$$\Delta P = P_{up} - P_{down} = \frac{1}{F} Q \rightarrow F = \frac{1}{\Delta P} Q$$

여기서, 압력의 단위로 Torr를 사용하고, 전도 F의 단위를 L/s를 사용하면, 유량 Q의 단위는 Torr·L/s가 된다.

지금부터는 여러 가지 진공 부품의 형태와 크기에 따른 전도를 계산해보겠다. 전도의 계산은 정확하게 계산하기 어려운데, 여기서는 편리한 근사 계산 방법으로 소개하고자 한다. 최근에는 몬테카를로 해석Monte Carlo Method으로 비교적 정확하게 전도를 계산하고 있다.

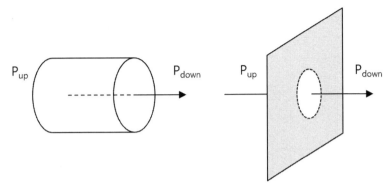

그림 3.37 기체의 흐름에 관계되는 대표적인 진공 부품의 모양(관과 구멍의 형태)

:: 전도의 연결

여러 개의 구멍이나 배관이 직렬 또는 병렬로 연결되어 있는 경우에 복합 전도를 구해야 하는데, [그림 3.38]과 같이 배관이 직렬로 접속된 경우와 [그림 3.39]와 같이 병렬로 접속된 경우의 복합 전도Combined Conductance는 다음과 같이 구한다.

직렬 접속의 복합 전도는 다음과 같이 계산한다.

$$\frac{1}{F} = \frac{1}{F_1} + \frac{1}{F_2} + \frac{1}{F_3} + \frac{1}{F_4} + \cdots$$

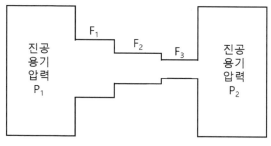

그림 3.38 직렬 접속의 복합 전도

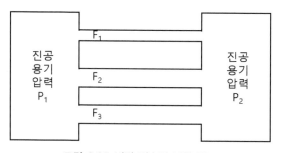

그림 3.39 병렬 접속의 복합 전도

병렬 접속의 복합 전도는 다음과 같이 계산한다.

$$F = F_1 + F_2 + F_3 + F_4 + \cdots$$

병렬 접속의 복합 전도는 비교적 계산 오차가 적지만, 직렬 접속의 복합 전도는 오차가 많이 발생하는 편이다. 전기 저항에서 직렬과 병렬로 저항을 연결하는 방법과는 반대로 계산이 된다.

:: 전도의 계산(분자류)

[구멍의 전도(Conductance of Orifice)]

충돌률은 앞에서 언급한 바와 같이 단위시간에 분자가 표면적 A를 치는 횟수이며, 진공 용기 속의 기체 분자가 단위시간당 단위면적에 해당하는 진공 용기 벽을 치는 횟수로서 다음과 같이 표시된다.

$$f = \frac{1}{4} n \overline{v}$$

[그림 3.40]과 같이 한쪽 면에 구멍이 있는 경우를 고려해보면, 충돌률 식은 단위시간에 면적 A를 통하여 지나가는 분자 수, 즉 탈출률Escape Rate이 된다. 단위시간당 면적 A를 탈출하는 분자 수는 다음과 같이 계산된다.

$$f \times A = \frac{1}{4} n \overline{v} A = \frac{1}{4} n A \frac{L}{t} = \frac{1}{4} n \frac{V}{t}$$

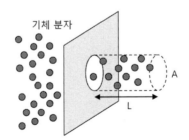

그림 3.40 크기 A의 구멍을 통해 분자들이 튀어나오는 모습

그러면 구멍의 전도 F를 다음과 같이 정의한다(m[kg]＝M/1,000 N_A[kg],
N_A[개/mole]는 아보가드로 수).

$$F = \frac{f \times A}{n} = \frac{1}{4} A \, \overline{v} = A \left(\frac{kT}{2\pi m} \right)^{\frac{1}{2}} \left[\frac{m^3}{s} \right]$$

$$\rightarrow \frac{F}{A} = \left(\frac{kT}{2\pi M / 1,000 N_A} \right)^{\frac{1}{2}} \left[\frac{m^3}{s \cdot m^2} \right]$$

단위면적당 전도를 다시 정의하고, 절대온도 T는 K, 그리고 분자량 M은
g/mole를 적용하면 다음과 같이 정리된다.

$$단위면적당 \;\; 전도 \;\; \frac{F}{A} = \left(\frac{k \times 1,000 N_A \times T}{2\pi M} \right)^{\frac{1}{2}} \left[\frac{m^3}{s \cdot m^2} \right]$$

$$= 3.64 \times \left(\frac{T}{M} \right)^{\frac{1}{2}} \left[\frac{L}{s \cdot cm^2} \right]$$

또한 구멍의 전도를 다른 단위로 표시하면 다음과 같다.

$$F = A \left(\frac{RT}{2\pi M} \right)^{\frac{1}{2}} \left[\frac{L}{s} \right]$$

여기서, R은 기체 상수이다. 그 값은 8.315 J/(K·mol)이다. 나중에 언급할 덕트나 다른 형태의 전도를 투과확률Transmission Probability α로 사용해서 표현하면 유용하다.

덕트나 다른 형태의 전도 F는 다음과 같다.

$$F = \alpha F_a = \alpha A \left(\frac{RT}{2\pi M} \right)^{\frac{1}{2}} \left[\frac{L}{s} \right]$$

여기서, α는 투과확률, F_a는 구멍의 전도이다. 구멍의 경우 투과확률 α를 1로 놓고 상기 식으로 구한 여러 가지 기체에 대한 구멍의 전도를 계산해보면 [표 3.6]과 같다. 단위는 L/(s·cm²)이다. 즉 공기의 경우 상온 293 K에서의 구멍의 전도는 11.6 L/(s·cm²)이다. 가벼운 기체 분자는 전도가 상승하고, 기체 분자의 온도가 올라가면 전도도 같이 증가한다.

표 3.6 여러 가지 기체의 온도별 구멍의 전도(단위는 L/(s·cm²)이다)

구분		온도(K)			
기체명	분자량	100	200	293	300
H_2	2	25.7	36.4	44.0	44.6
He	4	18.2	25.7	31.1	31.5
H_2O	18	8.6	12.1	14.7	14.9
N_2	28	6.9	9.7	11.8	11.9
Air	28.8	6.8	9.6	11.6	11.7
O_2	32	6.4	9.1	11.0	11.1
Ar	40	5.8	8.1	9.8	10.0

[관의 전도(Conductance of Tube)]

　이번에는 관의 전도를 구해보자. [그림 3.41]에서와 같이 임의의 단면을 가진 튜브를 생각해보자. 일반적으로 튜브의 단면이 변하는 경우의 전도는 아래 식으로 계산된다.

$$F = \frac{4}{3}\bar{v}\left[\int \frac{B}{A^2}dl \right]^{-1}$$

여기서, A는 튜브의 단면이고, B는 튜브 단면의 둘레 길이이다. $\bar{v}$ 는 분자의 평균속도이다.

　적분 구간은 튜브의 길이를 L로 하면 다음과 같은 식이 된다.

$$F = \frac{4}{3}\bar{v}\frac{1}{\int_0^L \frac{B}{A^2}dl}$$

　원뿔형 모양의 튜브의 경우 적분 구간은 다음과 같이 계산된다.

$$\int_0^L \frac{B}{A^2}dl = \int_0^L \frac{2\pi r}{(\pi r^2)^2}dl = \frac{L(a+b)}{\pi a^2 b^2}$$

그러면 원뿔형 모양의 튜브의 전도는 다음과 같다.

$$F = \frac{4}{3}\bar{v}\frac{1}{\int_0^L \frac{B}{A^2}dl} = \frac{4}{3}\bar{v}\frac{\pi a^2 b^2}{L(a+b)}$$

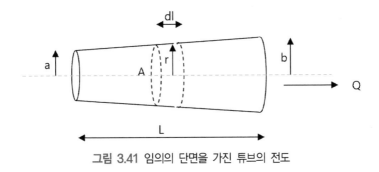

그림 3.41 임의의 단면을 가진 튜브의 전도

[긴 원통형 관의 전도(Conductance of Long Tube)]

[그림 3.42]에서와 같이 긴 원통형 튜브의 전도를 생각해보자. 앞의 식에서 긴 원통형 튜브에 대한 전도식을 정리해보면 다음과 같이 된다.

$$F = \frac{4}{3}\bar{v}\frac{\pi r^3}{2L} = \left(\frac{30.48r^3}{L}\right)\left(\frac{T}{M}\right)^{\frac{1}{2}}\left[\frac{L}{s}\right]$$

긴 원통형 튜브에서 흐르는 기체가 상온의 공기라고 하고(온도 T는 293 K,

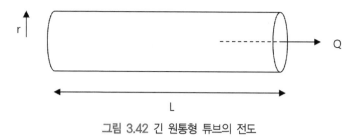

그림 3.42 긴 원통형 튜브의 전도

Air의 분자량은 29가 됨), 반지름 r을 직경 d로 표시하면 상기 식은 다음과 같이 된다.

$$F = \frac{12.1d^3}{L} \left[\frac{L}{s} \right]$$

여기서, 지름 d와 길이 L의 단위는 cm이다. 그리고 긴 원통형 튜브가 구멍의 직경 d가 20 cm, 구멍의 길이 L이 100 cm라고 하면 전도 F는 969 L/s가 된다.

[긴 사각관의 전도(Conductance of Long Duct)]

[그림 3.43]에서와 같이 긴 사각관Duct의 경우 앞의 임의의 관의 전도식에서 유도할 수 있다. 긴 사각관에 대해서 전도식을 정리하면 다음과 같다.

$$F = \frac{4}{3} \bar{v} \frac{a^2 b^2}{2L(a+b)} = \left(\frac{9.7a^2 b^2}{(a+b)L} \right) \left(\frac{T}{M} \right)^{\frac{1}{2}} \left[\frac{L}{s} \right]$$

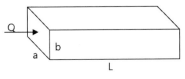

그림 3.43 긴 사각관(Duct)의 전도

앞에서와 마찬가지로 긴 사각관에서 흐르는 기체가 상온의 공기라고 하면 (온도 T는 293 K, Air의 분자량은 29가 됨), 상기 식은 다음과 같이 정리된다.

$$F = \frac{30.9 \ a^2 b^2}{(a+b)L} \left[\frac{L}{s} \right]$$

여기서, a, b와 길이 L의 단위는 cm이다. 그리고 긴 구멍의 가로 길이 a가 20 cm, 구멍의 세로 길이 b가 20 cm, 구멍의 길이 L이 100 cm라고 하면 전도 F는 1,233 L/s가 된다. 그런데 긴 사각관의 경우 도관 형상에 따른 보정 계수 K를 도입해서 앞의 식을 수정해야 좀 더 오차를 줄일 수 있다. 수정된 긴 사각관의 전도는 다음과 같다.

$$F = \frac{4}{3} \bar{v} \frac{a^2 b^2}{2L(a+b)} K = \left(\frac{9.7 a^2 b^2}{(a+b)L} \right) \left(\frac{T}{M} \right)^{\frac{1}{2}} K \left[\frac{L}{s} \right]$$

여기서, K는 보정계수, a, b와 길이 L의 단위는 cm이다. [표 3.7]에 사각관의 b/a 비율에 따른 형상 보정계수 K값을 표시하였다. 앞에서 계산한 긴 사각관의 전도를(기체가 상온의 공기일 때) 보정해서 다시 계산하면 전도 F는 1,233×1.115＝1,357 [L/s]가 된다.

표 3.7 긴 사각관의 형상 보정 계수

b/a	1	2/3	1/2	1/3	1/5	1/8	1/10
K	1.115	1.127	1.149	1.199	1.290	1.398	1.456

[짧은 관의 전도(Conductance of Short Tube)]

짧은 관은 간단하게 순수한 원형 구멍의 전도와 긴 튜브의 전도를 복합해서 계산하면 된다. [그림 3.44]와 같이 원형 구멍과 긴 튜브의 전도를 고려한다.

$$\text{원형 구멍의 전도 } F_1 = 3.64 \left(\frac{T}{M} \right)^{\frac{1}{2}} A$$

$$= 11.43 \left(\frac{T}{M} \right)^{\frac{1}{2}} r^2 \left[\frac{L}{s} \right]$$

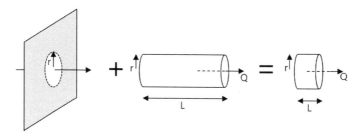

그림 3.44 원형 구멍과 긴 튜브의 전도를 고려한 짧은 관의 전도

긴 튜브의 전도 $F_2 = \left(\dfrac{30.48r^3}{L}\right)\left(\dfrac{T}{M}\right)^{\frac{1}{2}}\left[\dfrac{L}{s}\right]$

복합전도(짧은 관) $\dfrac{1}{F} = \dfrac{1}{F_1} + \dfrac{1}{F_2}$

$$F = 3.64 \times K \times \left(\dfrac{T}{M}\right)^{\frac{1}{2}}\pi r^2\left[\dfrac{L}{s}\right]$$

K는 Clausing 보정 인자이다.

여기서 $K = \dfrac{1}{1 + \dfrac{3L}{8r}}$

상기 식은 아주 짧은 경우와 긴 경우의 두 가지 극단적인 경우는 잘 맞는 편이다. 하지만 중간 정도의 길이의 관의 경우 단면 기하 형태에 따라서 10% 이상의 오차가 날 수 있다. 앞에서와 마찬가지로 짧은 관에서 흐르는 기체가 상온의 공기라고 하고(온도 T가 293 K, Air의 분자량은 29가 됨), 반지름 r을 직경 d로 표시하면 상기 식은 다음과 같이 된다.

$$F = 9.1d^2K\left[\dfrac{L}{s}\right]$$

$$여기서 \quad K = \cfrac{1}{1 + \cfrac{3L}{4d}}$$

여기서, 지름 d과 길이 L의 단위는 cm이고 K는 Clausing 보정 인자이다. 그리고 짧은 원통형 튜브가 구멍의 지름 d가 20 cm, 구멍의 길이 L이 10 cm라고 하면 전도 F는 2,647 L/s가 된다. 앞에서 언급한 투과확률Transmission Probability α를 이용해서 짧은 관의 전도는 다음과 같이 표현된다.

$$F = \alpha F_a$$

여기서, α는 투과확률, F_a는 구멍의 전도이다. 여기서 투과확률은 앞의 Clausing 보정 인자와 같다.

$$\alpha = \cfrac{1}{1 + \cfrac{3L}{4d}}$$

[그림 3.45]에 L/d 비율에 따른 투과확률 α를 표시하였다. L/d 비율에 따라 구멍, 짧은 관 그리고 긴 관의 전도를 알 수 있다.

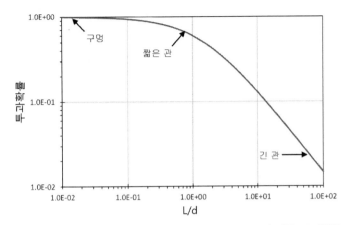

그림 3.45 짧은 원통의 길이 L과 지름 d의 비율인 L/d에 따른 투과확률

[짧은 사각관의 전도(Conductance of Short Duct)]

[그림 3.46]에서와 같이 짧은 사각관의 전도도 도관 형상에 따른 보정 계수 K를 도입해서 다음과 같이 계산한다.

$$짧은 \ 사각관의 \ 전도 \ F_1 = 3.64 \times K \times \left(\frac{T}{M}\right)^{\frac{1}{2}} \times A$$

$$= 3.64 \times K \times \left(\frac{T}{M}\right)^{\frac{1}{2}} \times (a \times b)$$

여기서, K는 보정 인자이다. 앞에서와 마찬가지로 짧은 사각관에서 흐르는 기체가 상온의 공기라고 하면(온도 T는 293K, Air의 분자량은 29가 됨), 상기 식은 다음과 같이 된다.

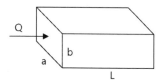

그림 3.46 짧은 사각관(Duct)의 경우

$$F = 11.6 \times a \times b \times K \left[\frac{L}{s} \right]$$

여기서, a, b는 cm 단위이다.

앞의 보정 계수를 투과확률Transmission Probability α라고 보면 사각관의 전도는 다음과 같이 표현된다.

$$F = \alpha F_a = \alpha(11.6 \times a \times b)$$

여기서, α는 투과확률, F_a는 사각 구멍의 전도이다. 여기서 투과확률 α는 다음과 같다.

$$\alpha = \cfrac{1}{1 + \cfrac{1}{\cfrac{16}{3\pi^{\frac{3}{2}}} \cfrac{a}{L} \mathrm{Ln}\left(4\cfrac{b}{a} + \cfrac{3}{4} \cfrac{a}{b} \right)}}$$

[그림 3.47]에 L/a에 따른 투과확률 α 를 표시하였다. L/a 값에 따라 구멍, 짧은 관 그리고 긴 관을 표시하였다. 앞에서와 마찬가지로 짧은 사각관에서 흐르는 기체가 상온의 공기라고 하고(온도 T는 293 K, Air의 분자량은 29가 됨), 짧은 사각관의 구멍의 가로 길이 a는 20 cm, 구멍의 세로 길이 b는 20 cm, 구멍의 길이 L이 20 cm라고 하면 전도 F는 2,778 L/s가 된다. 상기 보정식도 중간 정도 길이의 관은 단면 기하 형태에 따라서 10% 이상의 오차가 날 수 있다.

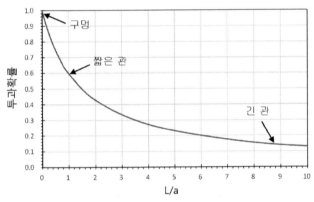

그림 3.47 짧은 사각관의 L/a 비율에 따른 투과확률(a=b인 경우)

[복합관의 전도]

[그림 3.48]에서 사각관과 원형관이 연결된 복합관의 경우의 전도 계산은 짧은 사각관의 전도와 원형관의 전도를 각각 계산해서 직렬 연결된 것으로 계산하면 된다.

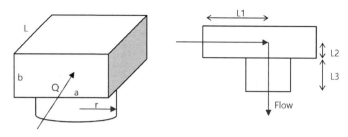

그림 3.48 사각관과 원형관이 연결된 경우의 전도

$$짧은 \ 사각관의 \ 전도 \ F_1 = 3.64 \times K \times \left(\frac{T}{M}\right)^{\frac{1}{2}} \times a \times b \left[\frac{L}{s}\right]$$

$$짧은 \ 원형관의 \ 전도 \ F_2 = 3.64 \times K \times \left(\frac{T}{M}\right)^{\frac{1}{2}} \pi r^2 \left[\frac{L}{s}\right]$$

$$복합 \ 전도 \ \frac{1}{F} = \frac{1}{F_1} + \frac{1}{F_2}$$

여기서, K는 보정 인자이다.

사각관의 길이 L과 원형관의 길이 L은 [그림 3.48] 오른쪽 그림과 같이 각각 다음과 같이 산정해서 계산한다.

- 짧은 사각관의 전도에서 L=L1+L2로 계산
- 짧은 원형관의 전도에서 L=L3로 계산

짧은 사각관과 짧은 원형관이 복합적으로 연결된 경우, 이번에는 기체가 물이라고 하고, 길이 L1 = 20 cm, L2 = 50 cm, L3 = 18 cm, a = 100 cm, b = 100 cm, r = 28 cm이고, 온도 T는 293 K, 물(H_2O)의 분자량 18을 입력해보면 복합 전도는 다음과 같이 계산된다.

$$\text{복합 전도} \quad \frac{1}{F} = \frac{1}{F_{\text{사각관}}} + \frac{1}{F_{\text{원형관}}}$$

$$\frac{1}{F} = \frac{1}{29,126} + \frac{1}{99,902}$$

$$\rightarrow F = 22,551 \left[\frac{L}{s} \right]$$

물의 경우는 전도를 계산하기 어려운데, 여기서는 탈착된 분자는 다시 흡착하지 않는다는 가정과 기하학적 전도는 생략된 단순 모델로 계산하였다.

이번에는 원형관과 원형관이 연결된 경우의 전도를 계산해보자. [그림 3.49]에서 원형관의 전체 길이 L은 다음과 같이 계산된다.

$$\text{원형관의 전체 길이} \quad L = L_1 + L_2 + 1.33 \left(\frac{\theta}{180} \right) \times d$$

여기서, d는 원형관의 직경이며, θ는 원형관 두 개의 연결 각도이다. 만약 L1 = 20 cm, L2 = 50 cm, 직경 d가 30 cm이고, 두 원형관의 연결 각도 θ가 90°라고 하면 원형관의 전체 길이 L은 다음과 같이 계산된다.

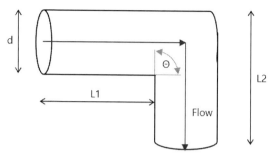

그림 3.49 원형관과 원형관이 연결된 경우의 전도

$$원형관의\ 전체\ 길이\ L = 20 + 50 + 1.33 \times \left(\frac{90}{180}\right) \times 30\ [\text{cm}]$$

$$= 90\ [\text{cm}]$$

:: 유효 배기 속도의 계산

펌프의 배기 능력은 펌프 자체 배기 능력뿐만 아니라, 기체가 여러 가지 진공 부품을 거쳐 나오는 정도인 전도를 함께 고려해야 한다. 그래서 유효 배기 속도Effective Pumping Speed라는 개념을 도입한다. 펌프와 진공 부품(관 또는 덕트)이 직렬로 연결되어 있을 때 유효 배기 속도는 다음과 같이 계산한다.

$$유효\ 배기\ 속도(S_{eff}):\ \frac{1}{S_{eff}} = \frac{1}{S} + \frac{1}{C}$$

여기서, S는 펌프 자체의 배기 속도, C는 진공 부품(관 또는 덕트)의 전도이다.

펌프가 짧은 원형관에 붙어 있고, 원형관이 짧은 사각관에 [그림 3.50]과 같이 연결되어 있다고 하고, 펌프의 배기 속도가 39,000 L/s라고 하면, 앞에서와 마찬가지로 기체가 물이라고 하고, 길이 L1＝20 cm, L2＝50 cm, L3＝18 cm, a＝100 cm, b＝100 cm, r＝28 cm이고, 온도 T는 293 K, 물(H_2O)의 분자량 18을 입력해보면 복합 전도 C는 22,551 L/s이고, 유효 배기 속도 S_{eff}는 14,289 L/s가 된다.

유효 배기 속도와 펌프 자체만의 배기 속도의 비를 배기 효율이라고 한다. 즉 배기 효율은 다음과 같이 정의된다.

$$배기 \ 효율(S_{eff}/S): \ \frac{S_{eff}}{S} = \frac{1}{S + S/C}$$

여기서, S_{eff}는 유효 배기 속도, S는 펌프 자체의 배기 속도, C는 진공 부품의 전도이다.

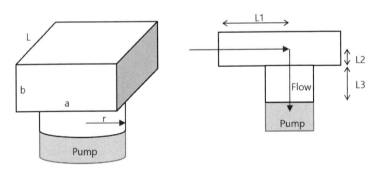

그림 3.50 펌프에 사각관과 원형관이 연결된 경우의 전도

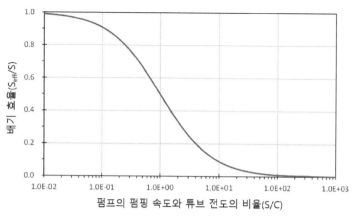

그림 3.51 배기 효율 S_{eff}/S이 펌프의 배기 속도와 튜브 전도의 비율(즉 S/C)에 대한 의존도

[그림 3.51]에서와 같이 펌프에 의한 배기 효율 S_{eff}/S가 0.9(즉 90%) 이상 되기 위해서는 튜브의 전도가 최소한 펌프의 배기 속도 대비 10배는 커야 한다. 만약 펌프의 배기 속도와 튜브의 전도가 같은 경우, 유효 배기 속도는 펌프의 배기 속도의 50%가 된다. 튜브 전도가 펌프의 배기 속도보다 아주 낮다면 유효 배기 속도는 펌프의 배기 속도가 아닌 튜브의 전도에 의해 결정된다. 이 경우 아무리 배기 속도가 높은 펌프를 사용하더라도 유효 배기 속도를 증가시키지 못한다. 그래서 펌프와 튜브를 설치할 때는 튜브의 전도를 최대한 높이도록 해야 한다(큰 단면적을 갖는 짧은 튜브를 사용함). 다시 말해 [그림 3.51]에서 보듯이 배기 효율 S_{eff}/S는 항상 1보다 작은데 펌프에 추가해서 전도가 있는 배관 등이 직렬로 연결이 된다면 항상 펌프의 배기 속도보다 낮은 배기 속도를 갖게 된다는 이야기이다. 그래서 진공 용기에 펌프를 설치할 때는 되

도록이면 진공 용기와 펌프 사이에 아무 것도 연결하지 않는 것이 좋다.

유효 배기 속도를 다른 방식으로 이해해보자. [그림 3.52]에서와 같이 긴 튜브를 통해서 용기에 부착된 진공 펌프의 유효 배기 속도를 검토해보자. 정상 상태의 경우 연결된 튜브 입구의 유동과 튜브 출구의 유동은 같다.

$$Q = Q_C = Q_{in}$$

$$= P_C \times \frac{dV_C}{dt} = P_{in} \times \frac{dV_{in}}{dt}$$

$$= P_C \times S_{eff} = P_{in} \times S$$

여기서, Q는 기체 방출률, Q_c는 용기의 기체 방출률, Q_{in}은 튜브 출구의 기체 방출률, P_c는 용기 압력, V_c는 용기의 부피, P_{in}는 튜브 출구 압력, V_{in}는 튜브 출구 부피다.

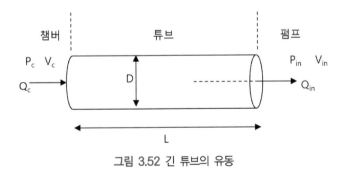

그림 3.52 긴 튜브의 유동

상기 식과 같이 유효 배기 속도는 튜브 입구 압력과 튜브 출구 압력의 비율에 비례한다.

$$\rightarrow S_{eff} = S \times \frac{P_{in}}{P_C} < S$$

:: 전도의 계산(점성류)

앞에서는 압력이 낮은 분자류의 전도를 계산해보았는데, 압력이 높은 점성류에 대한 전도는 분자류와 완전히 다르다. 긴 튜브의 기체 방출률은 다음과 같이 기술된다.

$$Q = \frac{\pi}{256} \frac{1}{\eta} \frac{D^4}{L} \left(P_c^2 - P_{in}^2 \right)$$

여기서, η는 기체의 점성[Pa · S], D는 진공 배관의 직경[cm], L은 진공 배관의 길이[cm], P_c 및 P_{in}는 각각 용기 압력, 튜브 출구 압력으로 모두 mbar 단위이다.

그러면 점성류에서 긴 튜브의 전도는 다음과 같이 표현된다.

$$C = \frac{Q}{\Delta P} = \frac{Q}{P_c - P_{in}} = \frac{\pi}{256} \frac{1}{\eta} \frac{D^4}{L} \left(P_c + P_{in} \right) \left[\frac{L}{s} \right]$$

공기의 점성계수는 20°C에서 18.2×10^{-6} Pa · S이므로 이를 대입해보면 전도는 다음과 같다.

$$C = 135 \frac{D^4}{L} \times \frac{(P_c + P_{in})}{2} \left[\frac{L}{s} \right]$$

여기서, D는 진공 배관의 직경[cm], L은 진공 배관의 길이[cm]이며, P_c 및 P_{in}는 mbar 단위이다. 여기서 다시 $(P_c + P_{in})/2$를 평균 압력 P_a라고 하면, 긴 튜브의 전도는 다음과 같이 된다.

$$C = 135 \frac{D^4}{L} P_a \left[\frac{L}{s} \right]$$

여기서, D는 진공 배관의 직경[cm], L은 진공 배관의 길이[cm], P_a는 평균 압력이고 mbar 단위이다.

상기 식은 점성류 영역에서 20°C인 공기에 대한 전도식이다. 식에서 보듯이 점성류에 대한 진공 배관의 전도는 배관의 직경의 4제곱에 비례하고, 길이에 반비례한다. 즉 전도를 크게 하려면 배관의 직경을 늘려주어야 한다.

:: 전도의 계산(점성류에서 분자류까지)

이제까지 점성류와 분자류 각각에 대한 전도를 계산해보았는데, 점성류와 분자류 사이의 전이류에 대해서도 고려해보자. [그림 3.53]과 같이 두 개의 평행한 튜브(하나는 분자 유동 영역, 다른 하나는 점성 유동 영역)를 병렬로 연결한 경우 전체 전도 C는 다음과 같이 표현된다.

$$\text{전도 } C \approx C_\text{분자류} + C_\text{점성류}$$

이 식은 분자 유동과 점성 유동 각각을 잘 설명해주며, 전이 영역에 대해서도 좋은 근사가 된다.

원형 단면을 갖는 긴 튜브의 점성류 영역에서 20℃인 공기에 대한 전도는 앞에서 다음과 같다고 했다.

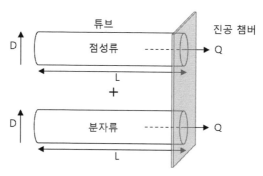

그림 3.53 점성류의 튜브와 분자류의 튜브를 병렬로 연결한 경우

$$C_{점성류} = 135 \frac{D^4}{L} P_a \left[\frac{L}{s} \right]$$

여기서, D는 진공 배관의 직경[cm], L은 진공 배관의 길이[cm], P_a는 평균 압력이고 mbar 단위이다.

원형 단면을 갖는 긴 튜브의 분자류 영역에서 20°C인 공기에 대한 전도는 앞에서 다음과 같다.

$$C_{분자류} = 12.1 \frac{D^3}{L} \left[\frac{L}{s} \right]$$

여기서, D는 진공 배관의 직경[cm], L은 진공 배관의 길이[cm]이다. 그러면 두 개의 평행한 튜브(하나는 분자 유동 영역, 다른 하나는 점성 유동 영역)를 병렬로 연결한 경우 전체 전도 C는 다음과 같이 표현된다.

$$전도 \ C \approx C_{분자류} + C_{점성류}$$
$$= 12.1 \frac{D^3}{L} + 135 \frac{D^4}{L} P_a \left[\frac{L}{s} \right]$$

여기서, D는 진공 배관의 직경[cm], L은 진공 배관의 길이[cm], P_a는 평균 압력이고 mbar 단위이다. 상기의 식에서 점성 유동은 압력이 증가하면 계속 증가

하게 되는데, 출구 압력이 낮으면 제한 유동이 전개되고 전도의 유동 축소라
는 현상이 발생하여, 점성 유동의 최댓값이 정해진다. 즉 이원자 분자(air 등)
에서 점성 유동의 전도와 분자 유동의 전도의 비는 다음과 같이 정해진다.

$$\frac{C_{점성류}}{C_{분자류}} = 1.48$$

즉 점성 유동의 전도는 분자 유동의 전도의 1.48배로 제한된다. 원형 단면
을 갖는 긴 튜브의 직경이 1 cm이고, 20℃인 공기에 대한 압력에 따른 전도를
[그림 3.54]에 표시하였다. 분자 유동과 점성 유동에 대해 각각 계산하고, 점성
유동의 제한된 값을 반영하고 일부 영역은 손으로 내삽한 결과이다.

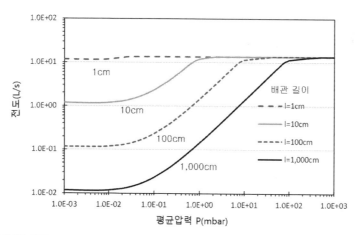

그림 3.54 직경 D=1 cm, 20 ℃ 공기에 대한 압력에 따른 전도(분자 유동, 전이 유동 및
점성 유동을 모두 반영함)

4

진공 만들기

진공 만들기

:: 진공에서 필요한 기본 요소들

진공을 만들기 위해서는 여러 가지 요소들이 필요한데 진공 용기, 진공 펌프 그리고 진공 계측기 등이 기본적으로 필요하다.

- 진공 용기, 배관 : 진공을 만들기 위해서는 진공 용기와 배관이 필요하다. 진공 용기는 금속이나 유리 종류를 많이 사용한다.
- 진공 펌프 : 진공 펌프는 진공을 만들기 위해 사용하는 펌프이다. 저진공 및 고진공 펌프로 크게 나누어진다.
- 진공 계측기 : 진공도(즉 압력)를 측정하기 위한 계측기이다.

[그림 4.1]에 진공 시스템에 필요한 요소들을 간단히 구성해보았다. 진공 용

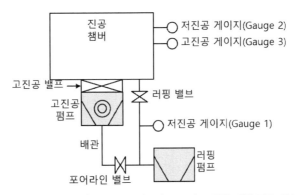

그림 4.1 진공 시스템(진공용기, 진공펌프 그리고 진공 계측기로 구성됨)

기와 펌프 사이에는 밸브가 연결된다. 고진공 펌프에는 고진공 밸브가, 저진공 펌프(러핑 펌프)에는 러핑 밸브가 설치된다. 고진공 펌프와 러핑 펌프 사이에도 밸브가 연결되는데 이 밸브는 포어 라인 밸브Fore-Line Valve라고 부른다. 진공 용기와 배관에는 진공 게이지가 설치되어 각각의 압력을 측정한다. 진공 용기가 고진공 용기인 경우에는 진공 게이지는 저진공 게이지와 고진공 게이지를 모두 설치하게 된다. 저진공에서 고진공까지 모두 측정할 수 있는 진공 계측기는 없다.

여기서 잠깐 진공 시스템의 배기 순서에 대해서 설명하고자 한다. 진공 시스템은 진공 게이지의 압력값을 보고 진공 밸브를 조절하게 되는데 [그림 4.2]에서 보는 바와 같이 포어 라인Fore-Line에 설치된 저진공 게이지, 진공 용기에 설치된 저진공 게이지 및 고진공 게이지의 압력 설정치에 따라서 펌프와 밸브를 조작하게 된다.

만약 압력이 설정된 진공 게이지 압력값보다 높거나 낮은 상태에서 밸브

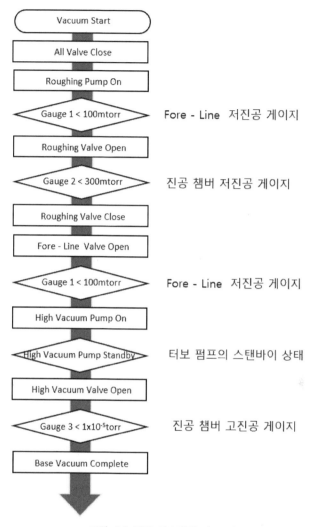

그림 4.2 진공 시스템의 진공 배기 순서

나 펌프를 운전하게 되면 진공 용기와 펌프에 심각한 손상을 발생시킬 수 있으므로 주의를 해야 한다.

다음에는 진공 펌프와 진공 계측기에 대해서만 간략히 기술하고자 한다.

:: 진공 만들기

진공을 만드는 데는 몇 가지 방법이 있는데, 아래에 세 가지 방법을 기술했다.

- 진공 용기 내부의 기체 분자 개수를 줄이는 방법
- 기체 분자들이 가지고 있는 에너지를 줄이는 방법
- 기체 분자들을 포획하여 특정한 곳에 붙잡아두는 방법

다시 설명해보면, 외부에서 공급되는 에너지를 이용하여 진공 용기 내부의 기체 분자를 용기 밖으로 뽑아내거나, 진공 용기 내부에 차가운 영역을 만들어 기체 분자들의 운동 에너지를 감소시켜 잡아 버리거나, 진공 펌프 내의 특정한 위치에 기체 분자들을 잡아 가두어 기체 분자들이 자유롭게 움직일 수 없는 상태를 만들어 진공을 만들 수 있다. 이런 진공을 만드는 데는 일반적으로 진공 펌프를 사용한다. 진공 펌프는 작동 원리에 따라 아래의 두 가지로 분류할 수 있는데, 가스 전이 타입Gas Transfer Type과 가스 포획 타입Gas Entrapment Type이 있다.

가스 전이 타입은 진공 용기 내의 기체를 펌프를 통해 완전히 외부로 내보

내는 방식이다. 보통 저진공, 중진공 그리고 고진공용으로 사용된다. 로터리 펌프Rotary Pump, 터보 분자 펌프Turbo-Molecular Pump 등 대부분의 기계적인 펌프가 이에 속한다. 가스 포획 타입은 진공 용기 내의 기체를 펌프 내의 특정 공간이나 물질 내에 붙잡아두는 방식이다. 보통 고진공, 초고진공 그리고 극초고진공용으로 사용된다. 포획 펌프Capture Pump라고도 부른다. 흡착 펌프Sorption Pump, 냉온 펌프Cryo Pump가 이에 속한다. 한 종류의 진공 펌프로 대기에서부터 초고진공까지 한 번에 진공을 만들 수 없고, 각 진공 영역에 따라 여러 종류의 진공 펌프가 사용된다. 그 이유는 진공 펌프는 진공 펌프 내부와 진공 용기 내의 기체의 압력차에 의해 기체를 제거하는데, 예를 들어 대기압(760 Torr)에서 10^{-10} Torr까지 한 개의 진공 펌프로 진공을 만들려면 그 압력차가 약 10^{13}배 차이가 생기는데, 이런 압력차를 만들기 위해서는 엄청난 양의 에너지가 필요하며, 에너지 효율상 여러 개의 펌프를 이용하여 단계별로 압력차를 만들어 진공 상태를 만드는 것이 유리한다. 또한 모든 압력 영역에서, 그리고 원하는 작업 환경에서 작동되는 이상적인 펌프도 현실적으로 없다.

펌프는 여러 가지 기준을 고려해서 선택해야 하며 다음에 몇 가지를 설명하였다.

- 작동 시 압력의 범위 : 최대 어느 정도까지 압력을 내릴 필요가 있는지, 작업 시 압력은 어느 정도인지 미리 고려하여 펌프를 선택해야 한다.

- 펌프 용량 : 펌프의 배기 속도와 기체 유량, 기체 방출량 그리고 배기 시간 등을 종합적으로 검토하여 펌프 용량을 선택해야 한다.
- 작업 환경 : 오염의 많고 적음, 소음과 진동, 켜고 끄는 주기, 설치 방법 (수직, 수평) 그리고 사용할 기체의 종류(유독성, 배기 속도, 수분 함유량) 등을 고려해서 선택해야 한다.
- 가격 및 운용 비용 : 운영하는 에너지, 소모성 물질 사용 정도 등의 경제적인 측면도 고려해서 선택해야 한다.
- 안전도, 사용 편이성 등도 고려해서 선택해야 한다.

:: 진공 펌프의 종류

앞서 진공 펌프에는 저진공 펌프와 고진공 펌프가 있다고 했다. 저진공 펌프로는 로터리 피스톤 펌프Rotary Piston Pump, 로터리 베인 펌프Rotary Vane Pump, 루츠 펌프Roots Pump, 건식 펌프Dry Pump 그리고 흡착 펌프Sorption Pump 등이 있다. 반도체나 디스플레이 장비들에는 용기의 오염 등을 고려해서 기름을 사용하는 로터리 펌프는 보통 사용하지 않고, 일반적으로는 건식 펌프와 루츠(또는 부스터) 펌프를 조합해서 사용하는 추세이다. 고진공 펌프로는 오일 확산 펌프Oil Diffusion Pump, 터보 분자 펌프Turbo-Molecular Pump, 분자 드래그 펌프Molecular Drag Pump 그리고 냉온 펌프Cryogenic Pump 등이 있다. 반도체나 디스플레이 장비들에는 역시 용기의 오염

등을 고려해서 터보 분자 펌프와 냉온 펌프 등을 주로 사용하고 있다.

　[표 4.1]에 진공 펌프 개발 이력을 기술하였다. 1,900년대 들어서 기술이 크게 진보하였다. 여기서는 저진공 펌프로는 건식 펌프를 그리고 고진공 펌프로는 냉온 펌프(크라이오 펌프)와 터보 분자 펌프만 설명하겠다.

표 4.1 진공 펌프 개발 이력

진공	진공 펌프	연도	개발자	내용
저진공	Mechanical Pump	1650	Guericke	진공 펌프 개발
		1660	Boyle	게리케의 진공 펌프 개선
		1855	Geissler	가이슬러 펌프 개발
		1865	Sprengel	스프렌젤 펌프 개발
		1896	Edison	스프렌젤-가이슬러 펌프 개발
		1905	Kaufman	전동기를 이용한 펌프 개발
		1905	Gaede	Rotary Pump 개발
고진공	확산 펌프	1913	Gaede, Langmuir	확산 펌프 고안
		1927	Burch	저증기압 액체를 이용한 펌프 고안
		1936	Hickman	오일 확산 펌프 개발
		1960	Varian사	현대식 확산 펌프 개발
	터보분자펌프	1913	Gaede	분자 드래그 펌프 고안
		1923	Holweck	분자 펌프 원리 정립
		1950	Pfeiffer사	산업용 분자 펌프 개발
		1961	Shapiro	현대식 분자 펌프 개발
	이온게터펌프	1896	Malignani	기초 Gettering Pump 고안
		1953	David	Ionic Pump 고안
		1958	Hall	Sputter Ion Pump 개발
		1978	Weston	Ion-Getter Pump 개발
	크라이오펌프	1959	Gifford	Cryo Pumping Process 개발
		1980	Bentley, Haefer	냉동기 원리 및 이론 기술

:: 건식 펌프

건식 펌프는 펌프에 오일을 사용하지 않기 때문에 진공 시스템의 청결도를 유지할 수 있다는 장점으로 반도체/디스플레이 분야에서 오일을 사용하는 펌프를 대신해서 많이 사용된다. 건식 펌프의 종류로는 스크류 펌프Screw Pump, 루츠 펌프Roots Pump, 클로우 펌프Claw Pump 그리고 스크롤 펌프Scroll Pump 등이 있다. 필요에 따라 각 펌프를 다단으로 구성하거나 혹은 서로 다른 종류의 펌프를 결합하여 사용하기도 한다.

스크류 펌프는 두 개의 나사 모양 회전자와 고정자가 맞물려 서로 반대 방향으로 회전하는 펌프다. 볼록 형상의 수 회전자와 오목 형상의 암 회전자가 있어 펌프의 축을 따라 꽈배기 모양의 공간을 통해 배기해야 하는 기체를 회전하여 방출한다. 압축열에 의해 회전자가 팽창하는 것을 고려하여 회전 시에 회전자 간격은 십수 마이크로 미터를 유지한다. 펌프의 회전 속도는 대략 6,000 rpm 정도이고, 동작 압력 범위는 대기압에서 10^{-3} Torr 영역이다. 펌프의 배기 속도는 24~2,700 m^3/hr 정도이다.

루츠 펌프는 밸브가 없는 양압 이송방식으로 일종의 송풍기와 같은 구조이다. [그림 4.3]과 같이 두 개의 8자 모양인 회전자가 90° 위상차를 가지고 서로 맞물려 반대방향으로 회전하며, 흡입된 기체는 고정자의 주변을 따라 배출구로 흘러 나가게 된다. 두 개의 회전자가 접히는 부분은 회전을 계속하더라도 동기화되어 서로 접촉하지 않고 미세한 간격(약 0.1~0.2 mm)으로 거의 밀

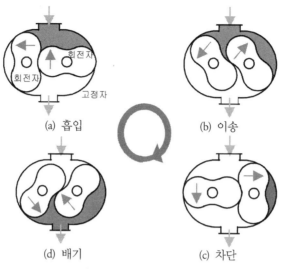

(a) 흡입   (b) 이송

(d) 배기   (c) 차단

그림 4.3 루츠 펌프의 동작 원리

폐된 상태를 유지하게 되며, 또한 고정자가 있는 벽면과도 밀폐된 공간을 유지하여 배기되는 기체가 세어나가지 않도록 만들어져 있다. 펌프의 회전 속도는 대략 3,000 rpm 정도이고, 동작 압력 범위는 수십 Torr에서 10^{-4} Torr 영역이다. 루츠 펌프를 다단으로 구성하여 대기압에서 10^{-4} Torr까지 펌핑이 가능한 모델도 나오고 있다. 배기 속도는 25~1,000 m^3/hr 정도이다. 일명 블로우 펌프 Blower Pump 또는 로우브 펌프Lobe Pump라고도 불린다.

[그림 4.4]는 건식 펌프 두 종류를 결합한 복합 펌프의 압력에 따른 배기 속도를 나타내고 있다. 대기압에서부터 압력이 낮아짐에 따라 배기 속도가 높아지다가 수 Pa 정도의 압력이 되면 배기 속도가 급격하게 감소한다. 건식 펌프의 최대도달압력은 0.1 Pa~수 Pa 정도이다.

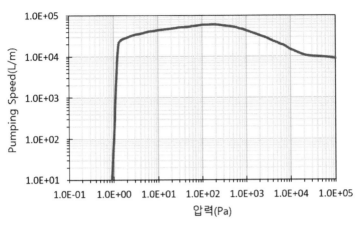

그림 4.4 건식 펌프 두 종류를 결합한 복합 펌프의 압력에 따른 펌핑 속도(A사 A모델)

:: 크라이오 펌프

크라이오 펌프Cryo Pump는 온도를 낮추어 펌프 표면에 기체를 흡착하도록
하는 방식으로 앞서 설명한 가스 포획 펌프이다. 크라이오 펌프의 원리는 운
동량을 가지고 움직이고 있는 기체 분자들이 차가운 크라이오 트랩에 다다르
면 운동 에너지를 잃으면서 펌프의 트랩에 얼러서 붙잡히게 하여, 기체 분자
들이 진공 용기 벽에 충돌하지 못하도록 하는 방식으로 압력을 낮추는 펌프이
다. 오일을 사용하지 않고, 기계적으로 동작하지 않기 때문에 오염이나 역류
에 대한 문제가 없다. 다만 컴프레서Compressor를 사용하기 때문에 약간의 소음
과 진동이 있다. 기체 분자 하나가 가지는 평균 에너지와 온도의 관계는 기체

분자 운동론으로 알 수 있으며, 다음의 식으로 표현된다.

$$\frac{1}{2}\mathrm{m}\mathrm{v}^2 = \frac{3}{2}k\mathrm{T}$$

여기서, m은 기체 분자질량, v는 기체 분자의 속도, k는 볼쯔만 상수, T는 절대온도이다. 상기 식에서 이론적으로 절대온도 T가 0 K이라고 하면, 기체 분자가 가지는 평균속도도 0이 되어야 한다. 진공 용기 내의 모든 기체 분자가 움직이지 않으면 압력은 Zero가 된다. 현재 기술로는 절대온도를 0으로 만들 수 없고 헬륨 기체를 이용하면 4.2 K까지 만들 수는 있다. 펌프의 온도가 내려감에 따라 포획할 수 있는 기체 분자의 종류가 늘어나게 되는데, 앞서의 증기압 이론에서 설명되었듯이 [그림 2.17]과 같이 물의 증기압 곡선상에서 대기압 온도 273 K(0°C)에서 물분자들은 얼음이 된다. 또한 대기압에서는 온도 200 K가 되면 이산화탄소 분자들이 얼음이 된다. 동일한 온도에서 압력이 낮아지면 포획할 수 있는 기체는 줄어든다. 압력이 ~10^{-13} Torr에서는 온도가 100 K가 되어야 모든 물분자들이 얼음이 된다. 온도를 더욱 내려서 10 K까지 되어도 수소와 헬륨 기체 분자는 얼음으로 만들기 어렵다. 수소와 헬륨 기체 분자는 다른 분자에 비해 운동 에너지가 크기 때문이다.

크라이오 펌프의 구조는 [그림 4.5]와 같은데 1단계 Array는 온도가 80 K 정도로서 증기압이 낮은 물분자가 먼저 제거되고 다음이 질소, 산소 그리고

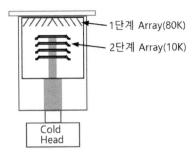

1단계 Array(80K)
2단계 Array(10K)

Cold
Head

그림 4.5 크라이오 펌프의 구조

아르곤 등이 제거된다. 2단계 Array는 온도가 10 K 정도로써 네온, 수소 그리고 헬륨 등 저온에서도 증기압이 높은 기체 분자들을 포획한다. 2단계 Array 안쪽 표면에는 활성탄이 발려 있는데, 증기압이 높은 수소, 헬륨 기체 분자들을 다공질의 활성탄에 가두기 위함이다. 크라이오 펌프는 크라이오 Array 온도를 상온부터 10 K까지 내리는 데 2시간 정도 걸리기 때문에 펌프를 정상화하는 시간이 오래 걸리는 편이다. 또한 크라이오 Array에 너무 많은 기체가 흡착되어 있으면 더 이상 기체를 흡착할 수 없기 때문에 흡착되어 있는 기체를 다시 제거하는 재생 공정Regeneration Process이 필요하다. 재생 공정은 크라이오 펌프의 온도를 다시 상온으로 올려 크라이오 Array에 흡착되어 있는 기체를 모두 제거하는 방식인데, 보통 재생 시간은 2~3시간 정도 걸린다. [그림 4.6]은 크라이오 펌프의 재생 공정을 보여주고 있는데 크라이오 온도를 상온으로 올렸다가 다시 크라이오 온도를 10 K 이하로 내리는 쿨 다운 공정Cool Down Process을 보여주고 있다.

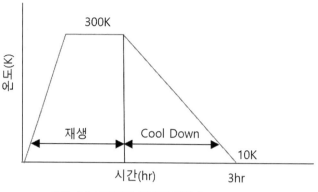

그림 4.6 크라이오 펌프의 재생과 Cool Down

크라이오 펌프에 대해서 좀더 알아보도록 하자. 크라이오 펌프Cryo Pump 에서 물(H2O)의 배기 속도Pumping Speed는 크라이오 면에 대한 물의 응축 확률 (물리 흡착의 확률)에 의존한다. 크라이오 면의 온도가 130 K 이하면, 물에 대한 응축 확률은 거의 1이라 볼 수 있다. 다른 기체들에 대해서도 20 K 이하면 거의 모든 기체에 대해서 응축 확률은 1이 된다. 20 K의 온도에서 응축되지 않는 기체는 네온, 수소, 그리고 헬륨 등이다. 수소를 응축하기 위해서는 크라이오 면의 온도가 3.5 K 이하가 되어야 한다. 초고진공에서 남은 기체는 수소가 대부분이다. [그림 4.7]에서와 같이 이상적인 배기 속도는 크라이오 면에 입사한 기체 분자가 모두 응축할 때이며, 배기 속도는 크라이오 면에 입사하는 기체 분자의 유량과 동일하다. 즉 크라이오 펌프의 배기 속도는 구멍의 전도와 동일하다고 보고 다음과 같이 계산하면 된다.

$$단위면적당\ 전도\ \ \frac{F}{A} = 3.638\left(\frac{T}{M}\right)^{\frac{1}{2}}\ [L/(s \cdot cm^2)]$$

여기서, T는 절대온도, M은 몰 질량이다.

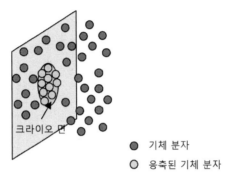

그림 4.7 크라이오 면에 응축된 기체 분자

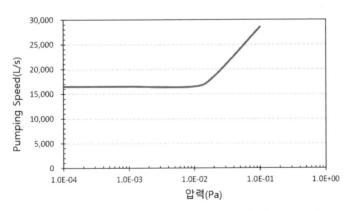

그림 4.8 Cryo Pump의 압력에 따른 배기 속도(B사 B Model)

[그림 4.8]과 같이 분자 흐름 영역인 1×10^{-2} Pa 이하의 압력에서는 진공 용기에서의 흡기구에서 응축면(크라이오면)까지 전도가 일정하기 때문에 응축면으로의 기체 분자의 입사 빈도가 변하지 않고 배기 속도는 일정하게 된다. 질소(N_2), 아르곤(Ar), 물(H_2O), 일산화탄소(CO) 그리고 산소(O_2) 등과 같이 비교적 증기압이 높은 기체는 모두 응축해서 배기시키나, 수소(H_2), 네온(Ne) 그리고 헬륨(He) 등과 같이 증기압이 낮은 기체는 크라이오 펌프의 흡착재를 이용해서 배기시킨다. 배기 속도는 흡착재의 흡착 확률, 흡착재까지 도달할 확률 등에 의해 좌우된다. He 기체의 경우 가장 흡착하기 어려운 기체인데 H_2 기체의 1/100~1/1,000 정도밖에 배기할 수 없다. 배기구 크기에 따른 크라이오 펌프의 기체별 배기 속도를 [그림 4.9]에 표시하였다. 여러 가지 기체 중 물의 배기 속도가 가장 빠르다. 펌프의 배기 속도를 표시할 때 일반적으로 질소(N_2)나 공기Air 기준으로 배기 속도를 표시한다.

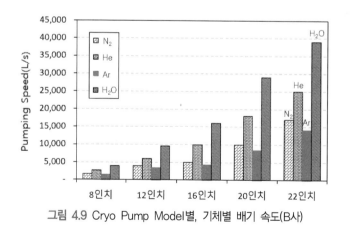

그림 4.9 Cryo Pump Model별, 기체별 배기 속도(B사)

크라이오 펌프에 기체의 유입이 없을 때, 최대 도달 압력에서는 크라이오 면에서 입사하는 기체 양과 크라이오 면에서 분리되는 기체 양이 균형을 이룬다. 분리되는 기체 방출률은 입사하는 기체가 반사하는 양과 응축하는 기체(혹은 흡착 기체)의 탈착 방출량의 합으로 나타난다. 응축성의 기체에 대해서 최대 도달 압력은 크라이오 면 온도에서의 각 기체의 포화 증기압과 응축 계수로 결정된다. 최대 도달 압력 P_g은 다음과 같이 정리된다.

$$\text{최대 도달 압력 } P_g = \frac{C_S P_S}{C_g} \left(\frac{T_g}{T_S} \right)^{\frac{1}{2}} \, [Pa]$$

C_s가 1, C_g가 1이면

$$\text{최대 도달 압력 } P_g = P_S \left(\frac{T_g}{T_S} \right)^{\frac{1}{2}} \, [Pa]$$

여기서, P_s는 온도 T_s에서의 기체 포화 증기압, 수소의 경우는 흡착 평형 압력이다. C_s는 압착 기체의 증발의 확률, 거의 1이다. C_g는 응축 계수(열적 적응 계수에 의존하지만)이며 크라이오 펌프 면에서는 1이다. T_g는 기체의 온도로, 대개 ~300 K 정도이다. T_s는 크라이오 면의 온도로, 10~20 K 정도이다.

크라이오 펌프의 배기 속도 S를 구하는 식은 다음과 같이 주어진다.

$$S = A_K \times S_A \times \alpha \times \left(1 - \left(\frac{P_g}{P}\right)^{\frac{1}{2}}\right) [L/s]$$

여기서, A_K는 냉각면의 면적, S_A는 냉각된 면에 도달하는 가스 분자들의 평균 속도에 비례하는 단위면적당의 배기 속도, α는 응축 확률Condensation Probability, P는 진공 용기 내의 압력이다.

대개 $P_g \ll P$이고, 응축 확률을 1이라고 하면, 앞서의 구멍의 전도를 구하는 식에서 다음과 같이 정리된다.

$$S = A_K \times S_A$$

$$= A_K \times 3.638 \left(\frac{T}{M}\right)^{\frac{1}{2}} \left[\frac{L}{s}\right]$$

여기서, A_K는 냉각면의 면적, T는 절대온도, M은 몰 질량이다. 그러면 앞의 구멍의 전도와 동일한 식이 나온다.

크라이오 펌프가 안정적으로 동작할 수 있도록 흘릴 수 있는 기체의 유량을 최대 유량이라고 한다. 크라이오 펌프의 부하는 기체가 가지고 있는 열과 응축(흡착)열이다. 즉 너무 많은 기체를 흘리게 되면 크라이오 펌프가 부하를 받아 온도가 올라가며 배기를 할 수 없는 조건이 된다. 실용적으로는 펌프의 2단 Stage(20 K Panel) 온도를 20 K로 유지할 수 있는 만큼의 유량을 최대 허용 유량Maximum Throughput이라고 한다. B 사의 B Model의 경우 아르곤 기체에 대한 최대 허용 유량이 31 Torr · L/s(즉 2,447 sccm)이므로 MFCMass Flow Controller로 2,447 sccm 이상의 아르곤 기체를 흘리면서 크라이오 펌프의 배기 속도를 유지할 수 없다는 말이다. 즉 2,447 sccm 이하의 유량을 흘려야 크라이오 펌프의 배기 속도가 유지된다. 크라이오 펌프는 응축식 펌프이기 때문에 배기할 수 있는 기체의 양에 한계가 있다. 이 한계량을 배기 용량Pumping Capacity이라고 한다. 펌프가 배기 용량만큼 사용한 상태라면 계속적으로 압력을 떨어뜨리기 어렵다. 응축으로 배기되는 기체 배기 용량은 흡착으로 배기되는 기체 배기 용량보다 두자릿수 정도 크다. 만약 16인치 크라이오 펌프의 물(H_2O)에 대한 배기 용량이 6.2×10^7 Pa · L라고 하면, 배기할 수 있는 물의 최대 양은 약 500 g 정도된다. 교차 압력Crossover Pressure은 진공 용기를 초기 배기Roughing Pumping하고, 메인 밸브(고진공 밸브)를 열고 크라이오 펌프로 배기할 때의 진공 용기의 압력으로 정의된다. 이때 허용되는 최대 러핑 압력을 최대 허용 교차 압력이라고 한다. 메인 밸브를 여는 순간에 진공 용기의 기체는 크라이오 펌프로 유입되고 배기되지만 유입 기체의 양이 한계를 넘으면 크라이오 펌프는 배기 능력을 유지할 수 없게 된다. 그 결과 크라이오 판넬의 온도가 올라가고, 그때까지 배기한 기체는 다시 방출된다. 최대 허용 교차 압력은 그 한계의 기체 배기량(처리할 수 있는 최대의 기체 유입량)을 진공 용기의 용적으로 나눔으로써 얻을 수 있다.

$$최대\ 허용\ 교차\ 압력(Pa)$$

$$= \frac{처리할\ 수\ 있는\ 최대의\ 기체\ 유입량\ (Pa \cdot L)}{진공\ 용기의\ 부피\ (L)}$$

만약 최대 기체 유입량이 70,000 Pa·L이고, 진공 용기의 부피가 $10\ m^3$이라고 하면, 최대 허용 교차 압력은 7 Pa이다. 일반적으로 러핑 펌프로 배기 시에 최대 허용 교차 압력의 1/2 정도의 압력이 나올 때 까지 배기를 하고 크라이오 펌프의 메인 밸브를 열어서 사용한다. 즉 상기의 예의 경우 3.5 Pa까지 저진공 펌프로 배기를 하고 메인 밸브를 열어서 고진공 펌프인 크라이오 펌프로 배기를 한다.

:: 터보 분자 펌프

터보 분자 펌프Turbo-Molecular Pump, TMP는 다른 이름으로는 터보 펌프라고 부른다. 터보 펌프는 오일을 사용하지 않기 때문에 깨끗한 고진공 펌프라고 알려져 있으며, 운동량 전달 방식의 펌프이다. 비슷한 용량의 다른 고진공 펌프에 비해 매우 비싸고, 압력 범위는 $10^{-2}{\sim}5{\times}10^{-10}$ Torr까지 사용이 가능하다. 회전자와 고정자 사이의 베어링에 약간의 윤활유를 사용하기도 하지만, 최근에는 베어링을 사용하지 않는 자기부상 방식을 사용하기도 한다. 터보 분자 펌프의 기본 구성은 [그림 4.10]과 같이 회전자 날blade, 고정자 날, 축 및 모터로 비교적 간단한 구조이다. 고정자 날과 회전자 날의 경사는 서로 엇갈리게 배치되어 있고, 날은 20~60개 정도 배열된다. 배기 성능은 날개의 수, 날개 길이, 폭, 간격, 경사도 그리고 회전 속도 등에 따라 달라진다.

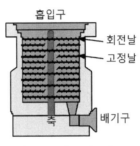

그림 4.10 터보 펌프의 구조

터보 펌프의 동작 원리는 다음과 같다. 펌프 흡입구에서 펌프 방향으로 들어오는 기체 분자들은 수천 내지 수만 rpm(보통은 60,000 rpm)의 고속으로 회전하는 회전자에 충돌하게 되는데, 회전자에 충돌한 기체 분자들은 펌프의 흡입구에서 배기구 방향으로 움직이게 된다. [그림 4.11]과 같이 펌프 내부에는 회전자와 고정자가 서로 반대 방향으로 엇갈리게 구성되어 있어, 기체분자가 배기구에서 흡입구 방향으로 이동하더라도 고정자의 날개에서 반사되어 펌프 흡입구 방향으로 가는 것을 막는다. 회전하는 날개가 기체 분자와 충돌하면, 진행 방향이 약간 변하며 속도도 약간 증가하게 된다. 고진공 펌프

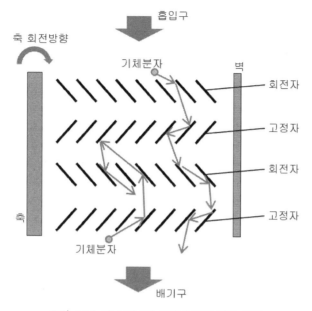

그림 4.11 터보 펌프의 기체 분자의 배기 경로

가 가동하는 압력은 10^{-2} Torr 이하인데, 이 압력은 분자 유동 영역으로 평균 자유행로가 길어지기 때문에 기체 입자가 다른 기체와 충돌하기보다는 고속으로 회전하는 날개 또는 고정자의 면과 더 많이 충돌하게 된다. 기체 분자들을 효과적으로 배출하기 위해서는 회전자의 속도가 최소한 기체의 열에너지에 의한 이동 속도보다 커야 한다. 기체 분자가 열에너지에 의해 얻는 평균속도는 앞서 언급한 기체 분자 운동론으로 구할 수 있다.

$$\frac{1}{2}mv^2 = \frac{3}{2}kT$$

여기서, m은 기체 분자질량, v는 기체 분자의 속도, k는 볼쯔만 상수, T는 절대 온도이다. 상기 식에서 동일한 온도 조건에서는 기체 분자의 평균속도는 질량이 크면 느려지고, 질량이 작으면 평균속도가 빨라진다. 수소나 헬륨과 같은 가벼운 기체 분자들은 평균속도가 1,000 m/s 이상으로 회전날의 보통 속도인 300 m/s보다 빨라서 회전날에 충돌하지 않고 펌프 흡입구 방향으로 이동할 확률이 높다. 즉 터보 펌프에서 수소와 헬륨 같은 가벼운 기체 분자들의 배기 속도는 낮아지게 된다. [그림 4.12]에 몇 가지 기체 분자에 대한 흡입구 압력별 배기 속도를 표시하였다.

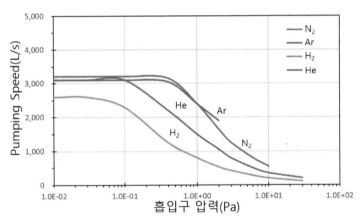

그림 4.12 터보 펌프의 압력에 따른 배기 속도(C사 C모델)

터보 펌프는 정지상태로부터 정상 운전 상태가 되기 위해서는 회전 날개의 회전수가 상승해야 하므로 보통 20분 정도의 시간이 필요하다. 또한 회전

날개에 이물질이 들어가면 변형되거나 파손될 수 있어서, 펌프 흡입구에 수 mm 간격의 철망을 붙여놓아 이물질의 낙하를 방지할 필요가 있다. 터보 펌프는 대기압에서 저진공 영역대까지는 가동할 수 없고, 정상적으로 가동하기 위해서는 분자류 영역에서 가동해야 한다. 또한 터보 펌프는 단독으로 사용할 수 없고 [그림 4.13]과 같이 보조 펌프^{Backing Pump}(또는 Fore-Line Pump)를 터보 펌프와 직렬 연결해서 사용해야 한다. 터보 펌프에 사용되는 보조 펌프의 용량은 보통 터보 펌프의 용량과 진공 용기에서 사용하는 기체량에 따라 결정되며, 터보 펌프가 운전 중에는 항상 가동되어야 한다.

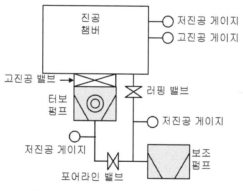

그림 4.13 터보 펌프를 장착한 진공 시스템

:: 진공 측정

진공의 정도를 측정하는 기본 원리와 진공 게이지Vacuum Gauge의 종류를 알아보도록 하자. 진공을 측정하는 방법은 다음과 같은 방법들이 있다.

- 그 한 가지로는 압력을 직접 측정하는 방식이 있는데 이런 방식으로는 맥라우드 진공계Mcleod Gauge, 용량형 격막 진공계Diaphragm Gauge 등이 있다.
- 다른 방법으로는 압력의 어떤 범위에서 기체의 물리적 성질이 변하는 것을 이용하는 방식으로 열전대 게이지Thermocouple Gauge인 피라니 게이지Pirani Gauge 등이 있다.
- 또 다른 방법으로는 기체의 분자 밀도를 직접 측정하는 방식으로 이온 게이지 등이 있다.

여기서는 전기용량 격막 게이지, 열전대 게이지, 이온 게이지Ionization Gauge 그리고 분압을 측정할 수 있는 잔류 가스 분석기Residual Gas Analyzer 등을 기술하겠다.

전기용량 격막 게이지는 가해지는 압력에 따라 격막이 밀리는(휘는) 정도를 측정하는 방식으로 정밀도가 우수해서 공정 중 압력을 측정하는 데 많이 이용한다. 열전대 게이지는 열전달 방식인 대류와 전도가 압력에 비례해서 변화된다는 점을 이용하는데, 필라멘트 온도 변화를 열전대로 측정하여 압력을 알 수 있다. 대부분의 저진공용 진공 용기에 많이 이용된다. 이온 게이지는 기체 분자를 이온화하면 발생하는 이온전류를 측정하는데, 압력이 높을수록 이온전류가 증가한다. 고진공용 진공 용기에 사용한다. 잔류 가스 분석기는 이온 게이지와 같이 기체 분자를 이온화하는데, 이온화된 기체를 전기장 또는 자기장을 인가해서 이온별로 분리하여 각 원자 질량별 이온 전류를 검출하는 방식이다. 또한 잔류 가스 분석기는 진공 용기 내 존재하는 각종 기체 분자들을 분석하는데 많이 이용된다. 이온 게이지와 마찬가지로 저진공에서는 사용할 수 없다. [그림 4.14]에 많이 사용되는 진공 게이지들의 작동 압력 범위를 표시하였다.

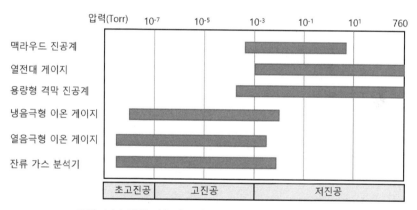

그림 4.14 많이 사용되는 진공 게이지들의 작동 압력 범위

:: 전기용량 게이지

압력을 직접 측정하는 방식의 진공 게이지는 격막을 이용하는 전기용량 게이지Capacitance Diaphragm Gauge, CDG가 있다. 기본 원리는 [그림 4. 15]와 같이 압력이 높아지면 용기벽이나, 측정기 벽을 미는 힘이 커진다는 것을 이용한다.

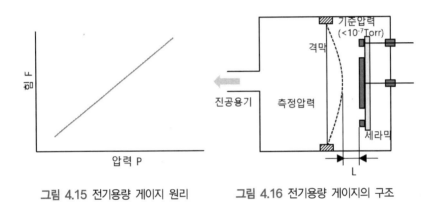

그림 4.15 전기용량 게이지 원리　　　　그림 4.16 전기용량 게이지의 구조

[그림 4. 16]과 같이 진공 게이지 중간에 격막(인코넬 평판)을 두고 기준이 되는 한쪽은 10^{-7} Torr 고진공을 형성하고, 다른 쪽은 압력을 측정할 진공 용기에 연결하면 진공 용기 압력에 따라 격막이 휘는데, 이 휘는 정도를 측정해서 압력을 측정하는 방식이다. 격막이 휘는 정도를 기계적으로도 측정할 수 있으나, 전기용량을 이용하는 방식이 전기용량 게이지이다. 전기용량은 서로 대응하는 평행판 사이의 간격에 대한 함수라는 것을 이용한다. 전기용량 C는 다음과 같은 식으로 표현할 수 있다.

$$C = \epsilon \frac{A}{L}$$

여기서, ϵ은 유전율, A는 전기용량의 단면적, L은 전기용량의 간격이다.

전기용량 게이지의 장점은 모든 기체에 대해 동일한 감도로 측정할 수 있고, 정밀도도 우수하다는 것이다. 격막이 있어 반응성 기체를 사용해도 진공 게이지가 오염이 되지 않고, 압력 측정 정밀도와 압력 변화에 대한 반응 속도가 빨라서 공정 압력을 측정할 때 많이 사용된다. 단점은 온도 변화에 매우 민감하다는 점이며 정밀한 측정을 위해서는 온도 보정이 필요하다. 사용 압력 범위는 대기압부터 mTorr 영역대이며, 측정 센서에 따라 수십 Torr 영역, 수 Torr 영역 그리고 mTorr 영역대 등으로 구분될 수 있다.

:: 열전대 게이지

열을 전달하는 방법에는 [그림 4.17]과 같이 전도, 대류 그리고 복사가 있는데, 기체의 압력 변화는 전도와 대류에 비례해서 변화된다. 기체가 존재하면 기체가 열전도의 매개체가 될 수 있다. 즉 기체가 많이 존재하면 열전달이 잘 되고, 기체가 희박해지면 열전달이 잘 되지 않는다. [그림 4.18]과 같이 열전대 게이지Thermocouple Gauge, TC gauge는 200℃ 정도로 가열된 필라멘트의 온도 변화를 열전대로 측정하는 게이지이다. 가열된 필라멘트에 기체 분자들이 충

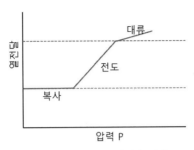

그림 4.17 압력과 열전달 관계

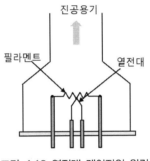

그림 4.18 열전대 게이지의 원리

돌하면, 기체 분자가 필라멘트로부터 열을 빼앗아가고, 이때의 필라멘트의 온도 변화를 열전대로 측정하면 압력을 알 수 있게 된다. 기체 분자가 많으면 열전달이 잘되어 필라멘트의 온도가 많이 떨어지고, 기체 분자가 감소하면 열전달이 잘 되지 않아 필라멘트의 온도가 떨어지지 않는다. 기체의 종류에 따라 열용량과 열전도성이 다르므로 기체의 종류에 따라 측정 압력이 달라지므로 보정을 해주어야 한다. 피라니 게이지Pirani Gauge는 [그림 4.19]와 같이 열전대 게이지와 원리는 비슷하나, 기체 분자에 의해 필라멘트의 열이 빼앗겨

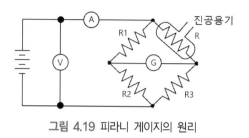

그림 4.19 피라니 게이지의 원리

발생하는 열전대의 온도 변화를 휘스톤 브리지Wheatstone bridge를 이용하여 저항의 변화를 측정하여 반응 속도가 빠르다. 열의 전달이 복사로 이루어지는 고진공 영역에서는 열전도가 일어날 수 없으므로 열전대 게이지로 압력을 측정할 수 없다. 열전대 게이지는 대기압부터 mTorr의 저진공 사이 압력을 측정하는 데 사용한다.

:: 이온 게이지

이온 게이지Ionization Gauge는 기체 분자를 이온화시켜 그 이온 전류를 증폭하여 측정하는 방법으로 [그림 4.20]과 같이 압력이 높을수록 이온전류가 증가하게 된다. 반대로 압력이 낮으면 이온전류가 감소하게 된다. [그림 4.21]에서와 같이 원자나 분자에 높은 에너지의 전자를 충돌시키면 원자나 분자는 전자를 잃고 양이온이 된다. 기체 분자는 종류에 따라 이온화되는 에너지가 다른데, 대부분 0~25 eV에서 이온화된다. 기체를 이온화시키는 전자는 hot filament

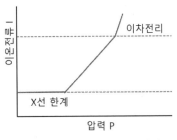

그림 4.20 압력과 열전달 관계

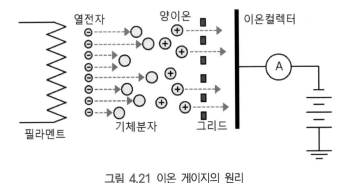

그림 4.21 이온 게이지의 원리

를 이용하여 공급한다. 필라멘트에서 방출된 열전자는 기체 분자와 충돌하여 이온화시킨다. 기체 분자의 이온화 과정에서 발생한 2차 전자는 양극으로 모이게 되어, 이온 전류가 흐르게 되는데 이를 압력으로 변환할 수 있다. 이온 게이지의 압력 범위는 중진공에서 고진공으로 10^{-3}~10^{-10} Torr 정도까지 측정이 가능하다. 진공 용기의 압력이 중진공 영역대 이상으로 올라가면 필라멘트가 산화되고 너무 많은 이온이 발생하여 압력의 측정이 불가능하다.

이온 게이지는 전자를 발생시키는 방식에 따라 열음극형 hot cathode type과 냉음극형cold cathode type으로 구분한다. 앞서 설명과 같이 기체 이온화를 위해 열음극형은 필라멘트에서 발생한 열전자를 이용하고, 냉음극형은 강한 전계를 인가하여 방출되는 전자를 이용한다. 열음극형 이온 게이지의 문제점은 필라멘트에서 발생하는 고온이다. 필라멘트는 2,000 K 정도까지 온도가 올라가는데 기체 분자들로 인해 필라멘트가 오염되거나 산화되어 손상될 수도 있다. 이런 단점을 개선한 방식이 냉음극형 이온게이지이다. 냉음극형 이온게이지는 두 개의 음극과 원통형의 양극이 있고, 외부에 영구자석이 있어 자기장과 전기장을 생성시켜 기체 분자의 이온화 효율을 증대시킨다. 사용 압력은 열음극형 이온게이지 보다는 높으며, $10^{-2} \sim 10^{-7}$ Torr 정도까지 측정이 가능하다.

:: 잔류 가스 분석기

잔류 가스 분석기RGA, residual gas analyzer는 진공 용기 중에 잔류하는 기체의 성분이나 조성 등을 측정하는 것으로, 잔류하는 각 기체 성분의 압력을 측정하기 때문에 분압 게이지partial pressure gauge라고도 한다. 잔류 가스 분석기의 기본 원리는 이온 게이지와 같이 진공 용기 내에 잔류하는 여러 종류의 기체 분자를 전자의 충격으로 이온화하고, 이온화된 기체는 전기장 또는 자기장을 인가하여 분리함으로써 각 원자 질량별 이온 전류량을 검출하게 된다.

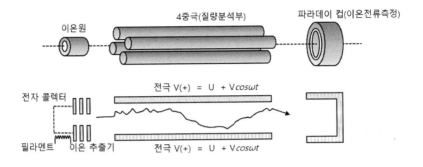

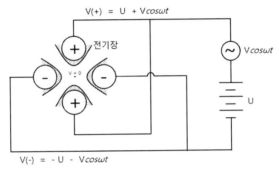

그림 4.22 4중극 질량 분석기 기본 원리 및 구조

잔류 가스 분석기에서 이온화된 기체를 분리하는 질량 분석에 가장 많이 사용하는 방식은 [그림 4.22]와 같은 4중극 질량 분석기QMS, quadrupole mass spectrometer이다. 일반적으로 4중극 질량 분석기는 기체를 열전자를 이용하여 이온화하는 이온원ion source, 기체의 질량비와 전하비에 따라 기체를 분리하는 질량 분석부 그리고 질량 분석부에서 분리된 기체 이온의 이온 전류를 측정하는 파라데이 컵faraday cup 등 세 가지 부분으로 구성된다. 4중극 질량 분석기는 자기장을 사용하지 않고, 전기장을 이용한다.

[그림 4.22]에서 두 V(+)극 사이에서는 무거운 이온만이 통과하고, 가벼운 이온은 전극에 빨려들어간다. 반대로 두 V(−)극 사이에서는 가벼운 이온만이 통과하고, 무거운 이온은 전극에 빨려들어간다. 즉 이 네 전극 사이를 무사히 통과할 수 있는 이온은 중간 크기의 질량을 가진 이온들 뿐이다. 기체 이온을 분류하는 방법으로 자기장을 이용하는 방법도 있다. 가속된 이온을 자기장 속을 통과시키면 전하 대비 질량mass-to-charge ratio에 따라 무거운 입자는 더 큰 반경을 그리면서 돌고, 가벼운 입자는 작은 반경을 그리면서 돌게 된다. 가속 전압과 자기장을 변화시키면 고정된 출구 속으로 원하는 전하량 대비 질량을 가진 이온만 통과시킬 수 있다. 질량수mass number는 1~100(또는 200)까지 변화시켜서 기체 종류별 이온 전류를 측정할 수 있다. [그림 4.23]에 잔류 가스 분석기로 분석한 데이터의 예를 표시하였다. 가로축은 시간이며, 세

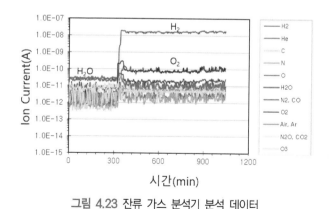

그림 4.23 잔류 가스 분석기 분석 데이터

로축은 이온전류값을 표시하고 있다. 이온전류값은 각 기체 분자의 분압으로 환산을 할 수 있지만 정확하지는 않다. 그림에서는 360초 이후에 잔류 가스 분석 data가 크게 변화가 생기고 있고, 수소의 양이 급격히 증가했음을 보여준다.

잔류 가스 분석기는 기체 분자를 이온화하는 데 필라멘트 등을 사용하기 때문에 압력이 높은 상태에서는 사용할 수 없다. 보통 ~10^{-2} Torr 이하의 압력에서 사용한다.

GLOW
FLUSH DESORPTION
TECHNOLOGY PERMEA
VACUUM PUMP
OUTGASSING
OLED DISPLAY MAGNETRON SPUTTERING STP BOYLE
ELECTRON BEAM EVAPORATION
SMA ENHANCED CHEMICAL VAPOR DEPOSITION
FFUSION THERMAL EVAPORATION
ROUGHING PUMPING
ADSORPTION
KNUDSEN NUMBER RATE DESORPTION
CONDUCTANCE IMPINGEMENT RATE ARRIVAL RATE

5

진공 장비

5 진공 장비

:: 진공 장비의 종류

진공 기술이 적용된 진공 장비는 크게 얇은 막을 입히는 성막Deposition 장비, 막을 벗겨내는 에칭Etching 장비, Glass나 Wafer 등의 기판을 세정Cleaning하는 장비, 진공 중 분석Analysis하는 장비 등 여러 가지가 있다.

성막 장비는 무기물(금속)이나 유기물을 물리적 또는 화학적인 방법을 이용하여 제품의 요구 특성에 맞도록 기판 위에 독립적인 기능을 갖는 막을 형성하는 장비이다. 성막 장비는 크게 증착 장비Evaporator, 스퍼터링 장비Sputter, 화학 증착 장비CVD, Chemical Vapor Deposition가 있다.

증착 장비는 고진공 상태에서 재료를 열Thermal 또는 전자빔Electron beam으로 가열, 증기압 원리를 이용하여 막을 형성한다. 스퍼터링 장비는 플라즈마

Plasma에서 발생한 아르곤 이온을 전위차에 의해 타깃Target(막을 입힐 재료)에 충돌하여, 충격 에너지로 인해 타깃 물질을 튀어나오게 해서 막을 입히는 장비이다. 화학 증착 장비는 기판 위에서 공급된 가스 상태의 반응기Reactant들이 화학 반응에 의하여 기판 표면에서 고체화되어 막을 입히는 방법으로 화학 반응에 필요한 에너지는 열, 플라즈마, 레이저Laser 그리고 이온빔Ion Beam을 사용하는 장비이다.

에칭 장비는 에칭 가스를 플라즈마 방전Glow Discharge 중에 활성화하여, 기판 표면에 입혀진 막과 반응하여 막을 벗겨내는 장비이다.

세정 장비는 일반적으로 세정 가스를 역시 플라즈마 방전을 일으켜, 기판 표면을 세정하거나 개질하는 데 사용하는 장비이다.

분석 장비는 물성 분석(표면 분석, 구조 분석 등)을 하는 장비인데, 고진공에서 전자를 이용하여 물질 분석을 하는 전자 현미경 등이 있다.

여기서는 성막 장비로 증착 장비, 스퍼터링 장비, 화학 증착 장비에 대해서 간단히 설명하겠다.

:: 증착 장비

증착 장비Evaporator는 [그림 5-1]과 같이 10^{-5} Torr의 고진공 압력대에서 막을 입힐 재료를 도가니Crucible에 넣은 후, 도가니를 가열하여 증기압 원리에

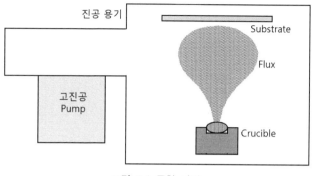

그림 5.1 증착 장비

의해 재료를 날리는 방법으로 막을 입히는 장비이다. 이런 공정을 증착 공정 Evaporation Process이라고 한다. 예를 들어 주전자에 물을 넣고 열을 가하면 물이 증기가 되어 날아가는데, 주전자는 일종의 도가니가 되고, 물은 막을 입힐 재료라고 생각하면 쉽다. 다만 주전자와 물을 대기 상태가 아닌 진공 상태에서 열을 가한다고 생각하면 된다. 온도가 높고 압력이 낮아지면 고체나 액체가 쉽게 기체 상태로 바뀐다.

막을 입힐 재료는 유기물, 무기물, 금속, 세라믹 등 제한이 없다. 유기물은 낮은 온도에서도 잘 날아가지만, 무기물이나 금속 그리고 세라믹의 경우는 잘 녹지 않기 때문에 기체 상태로 바꾸기 힘들다. 이런 경우 전자빔을 재료에 충돌시키면 전자빔의 운동 에너지가 열로 바뀌어 수천 도의 고온을 만들 수 있기 때문에 효율적으로 재료를 날릴 수 있다. 히터의 열 에너지를 이용하는 증착 방식을 열 증착Thermal Evaporation이라고 하고, 전자빔의 충돌 에너지를 이용하는 증착 방식을 전자빔 증착Electron Beam Evaporation이라고 한다. 도가니는 막을 입힐 재료가 녹는 온도보다 훨씬 높아서 잘 녹지 않는 재질을 사용해야, 도가니의 재료가 증착 되는 것을 막을 수 있다. 증착 공정에서는 막의 품질을 높이고, 막을 입히는 속도를 빨리 하기 위해서, 증착 되는 원자나 분자가 다른 분자들과 충돌하지 않도록 낮은 압력을 만들어줄 필요가 있다. 앞서 설명한 평균자유행로라는 개념을 생각해보면, 1×10^{-5} Torr의 압력에서 평균자유행로는 5 m 정도이다. 일반적으로 증착 장비에서 도가니로부터 기판까지의 거리는 수십 cm에서 수 m이다. 증착 장비에 사용되는 진공 펌프는 저진공을 만드는 데는 드라이 펌프를, 고진공을 만드는 데는 크라이오 펌프를 많이 사용한다.

:: 스퍼터링 장비

스퍼터링 장비Sputter는 [그림 5-2]와 같이 증착 장비와 마찬가지로 진공 용기의 압력을 10^{-5} Torr의 고진공으로 만들어 진공 용기 내의 불순물을 제거한 후, 아르곤 기체를 주입하여 수 mTorr의 압력을 만들고 두 개의 전극 사이에 직류 또는 교류의 전기장을 가해서 플라즈마Plasma를 발생시킨다. 아르곤 플라즈마는 Ar^+ 이온과 e^- 전자 그리고 여러 가지 아르곤 라디칼로 구성되어 있는데, 이 중 Ar^+ 이온은 양 전하를 가지고 있기 때문에 음극 전극에 이끌려 충돌하게 된다. 충돌하는 에너지는 음극에 걸리는 전압에 비례하여 증가한다. 만약

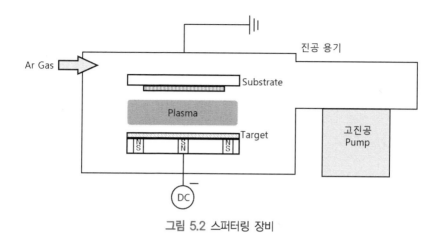

그림 5.2 스퍼터링 장비

음극에 걸리는 전압이 수백 볼트Volt라면 Ar$^+$이온의 에너지는 수백 eV가 된다. 음극에 막을 입힐 재료를 스퍼터링 타겟이라고 하는데, 스퍼터링 타겟에 Ar$^+$이온이 충돌하면 타겟 표면의 원자나 분자가 튀어나온다. 음극 전극의 반대편에 기판Substrate를 두면 타겟으로부터 튀어 나온 물질들이 막을 형성하게 된다. 이렇게 물질이 튀어나오는 현상을 스퍼터링Sputtering이라고 한다.

플라즈마를 발생시키는 전원은 일반적으로 DCDirect Current, MFMiddle Frequency 그리고 RFRadio Frequency등이 있다. 타겟 물질이 전기전도성이 좋은 경우 DC나 MF를 많이 사용하고 부도체의 경우 RF를 사용한다. 스퍼터링 타겟(음극 전극)에서 플라즈마가 쉽게 발생하기 위해서는 전자들을 많이 모아 두어야 하는데, 전자를 모아 두기 위해서 자기장(자석)을 이용하고 있으며, 이런 공정을 마그네트론 스퍼터링 공정Magnetron Sputtering Process이라고 한다. 스퍼터링 공정에서 사용하는 기체는 불활성 가스로서, 다른 물질과 쉽게 반응하지 않는 기체들을 사용한다. 이런 기체들로는 He, Ne, Ar, Kr, Xe 등이 있는데, 이중 대기 중에 비교적 많이 포함되어 있는 Ar 기체를 많이 사용하고 있다. 스퍼터링 공정에서도 평균자유행로가 중요한데, 1×10^{-3} Torr 압력에서는 평균자유행로가 5 cm 정도이다. 즉 스퍼터링 타겟으로부터 튀어 나가는 물질들은 평균 5 cm마다 충돌이 일어난다는 이야기이다. 그래서 스퍼터링 장비에서는 스퍼터링 타깃(음극)과 기판 사이의 거리를 수 cm로 만들고 있다. 스퍼터링 장비에 사용되는 진공 펌프는 역시 저진공을 만드는 데는 드라이 펌프를 사용하고 있으며, 고진공 펌프의 경우는 플라즈마를 발생시키기 위해 사용하는 기체의 양이 많기 때문에 크라이오 펌프 같은 포획펌프는 지양하고 터보 펌프를 많이 사용하는 편이다.

:: 화학 증착 장비

화학 증착 장비Chemical Vapor Deposition는 [그림 5-3]과 같이 저진공 펌프로 진공 용기의 압력을 10^{-3} Torr의 저진공으로 만들고, 화학 반응을 일으킬 반응기Reactant를 주입하여 수백 mTorr에서 수 Torr의 압력을 만든 후, 기판 표면에서 화학 반응으로 막을 입히는 장비이다. 화학 반응을 일으키기 위해서는 일반적으로 열을 가하거나, 교류의 전기장을 일으켜 플라즈마를 발생시킨다.

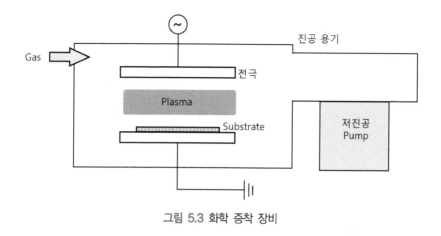

그림 5.3 화학 증착 장비

플라즈마는 두 개의 전극 사이에서 발생하는데, 두 개의 전극을 화학 반응으로부터 보호하기 위해 전극은 세라믹 재료 등으로 코팅되어 있어서 전기적으로는 부도체가 된다. 그래서 플라즈마를 발생시키기 위해서 교류, 즉 RFRadio Frequency를 사용한다. 교류의 전기장의 역할은 두 가지로 진공 용기 내의 플라즈마를 유지하는 것과 공정 중 기판 바이어스를 조절하는 것이다. 화학 증착 장비에서 교류 전원 공급 장치는 국제 협약에 의해 특정한 주파수만 이용한다. 가장 많이 사용하는 주파수는 13.56 MHz이지만 이것의 정수 배인 27.12 MHz와 40.68 MHz도 사용한다. 화학 증착 공정은 진공 용기로 주입된 반응기 기체들로 인해 플라즈마가 만들어지고, 이들 반응기들이 기판으로 이동하고, 표면 흡착, 확산 그리고 화학 반응을 일으켜 막이 입혀진다. 화학 증착 공정에서도 평균자유행로를 생각해보면, 0.1 Torr 압력에서는 평균자유행로는 0.5 mm 정도인데, 증착 공정이나 스퍼터링 공정에서보다는 평균자유행로가 중요한 요소는 아니다. 화학 증착 공정에서 두 개의 전극 사이 간격은 수 mm 정도이며, 공정 조건에 따라 전극 간격을 조절하는 경우도 있다. 공정의 청정도를 위해 고진공으로 만든 다음 공정 압력을 수백 mTorr로 조절하여 공정을 진행하기도 한다. 최근에는 저진공으로도 충분한 막의 품질을 만들어내고 있어 고진공 펌프는 사용하지 않는 추세다. 화학 증착 장비에 사용되는 진공 펌프도 드라이 펌프를 사용하고 있다.

에칭 장비와 세정 장비는 기본적으로는 화학 증착 장비의 구조와 비슷한데, 다만 사용하는 가스를 막을 입히는 가스가 아닌 에칭 가스 또는 세정 가스를 주입한다. [그림 5.4]와 같이 두 개 전극의 방향을 바꾸어 에칭 효과나 세정 효과를 증대하는 경우도 있다. 그림에서 기판 쪽으로 음의 바이어스가 걸리면 양이온이 가속되어 기판과 충돌하게 되며 에칭 효과는 크게 된다.

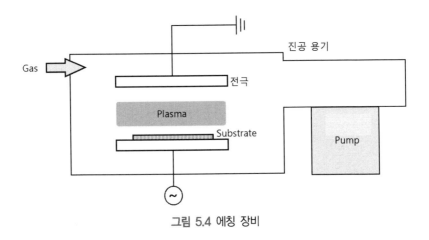

그림 5.4 에칭 장비

:: 진공 장비의 구분

진공 장비는 일괄 처리 시스템Batch System, 클러스터 시스템Cluster System, 인라인 시스템In Line System으로 구분되기도 한다.

일괄 처리 시스템은 보통 낮은 공정 속도 때문에 여러 개의 기판을 하나의 진공 용기에 한꺼번에 잠입하여 공정을 진행한다. 진공 용기가 대기에 직접 노출되기 때문에 깨끗한 환경이 필요한 공정에는 사용하기 어렵다.

클러스터 시스템은 소자Device의 제조 공정이 여러 개의 단계 또는 여러 개의 층으로 이루어져 있어 하나 이상의 진공 용기를 사용하여야 하는 경우에 사용한다. 기판의 오염을 방지하기 위해 로드락 모듈Load-Lock Module, 기판을 공정용 진공 용기로 반송하기 위한 반송 모듈Transfer Module, 공정을 진행하는 프로세스 모듈Process Module로 구성된다. 로드락 모듈은 보통은 저진공 용기로 만드나, 필요에 따라서는 고진공으로 구성하는 경우도 있다. 반송 모듈에는 기판을 반송하기 위해 로봇을 사용한다. 클러스터 시스템은 여러 가지 공정 모듈이 있는 경우, 하나의 공정 모듈에 이상이 발생해도 다른 공정 모듈을 활용해서 생산이 가능한 장점을 가지고 있다.

인라인 시스템은 로드락 모듈, 공정 모듈, 언로드락Unload-Lock 모듈로 구성되는데, 공정 모듈 전후로 반송 모듈을 두는 경우도 있다. 이런 반송 모듈은 버퍼Buffer 모듈이라고 부른다. 공정 모듈도 클러스터 시스템과 비슷하게 여러 개의 공정이 가능하도록 여러 개의 모듈로 구성할 수 있다.

인라인 시스템의 가장 큰 장점은 빠른 속도로 연속 생산을 할 수 있다는 점이다. 대신 단점은 여러 개의 모듈 중 하나라도 이상이 생기면 생산이 중단된다는 점이다. 그래서 인라인 시스템에서는 고장이 발생하지 않도록 장비의 완성도를 높여야 한다. 인라인 시스템의 로드락 모듈도 일반적으로는 저진공 용기로 만드나, 역시 필요에 따라 고진공으로 구성하는 경우가 있다. [그림 5.5]에 일괄 처리 시스템, [그림 5.6]에 클러스터 시스템, [그림 5.7]에 인라인 시스템의 일반적인 구성을 표시하였다.

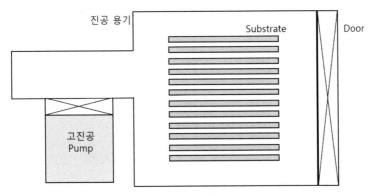

그림 5.5 일괄 처리 시스템(Batch System)

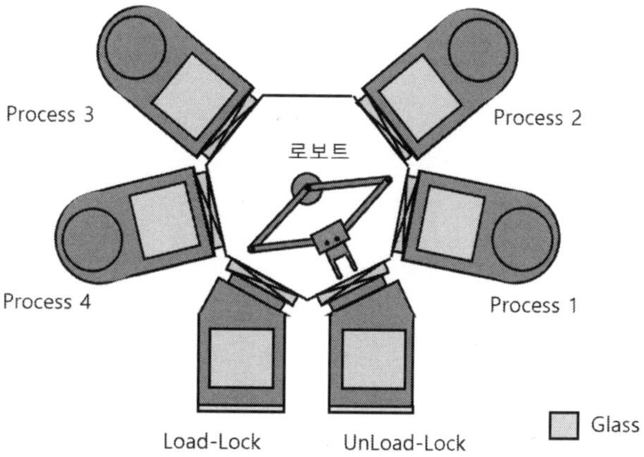

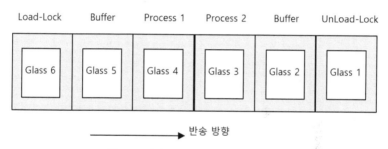

Process 3

Process 2

로보트

Process 4

Process 1

Load-Lock   UnLoad-Lock

Glass

그림 5.6 클러스터 시스템(Cluster System)

Load-Lock	Buffer	Process 1	Process 2	Buffer	UnLoad-Lock
Glass 6	Glass 5	Glass 4	Glass 3	Glass 2	Glass 1

반송 방향

그림 5.7 인라인 시스템(In Line System)

:: 감사의 글

이 책을 집필하는 동안 도와주신 분들, 조언해주신 분들에게 진심으로 깊은 감사를 드린다. 특히 원고를 꼼꼼히 검토하고 자문해주신 에드워드 주장헌 박사님, 포항가속기 연구소 박종도 박사님 그리고 표준연구소 임종연 박사님께 깊은 감사의 말을 전한다. 또한 원고를 보고 많은 응원을 해주신 한국진공학회 부회장이신 군산대 주정훈 교수님께는 더더욱 감사를 드린다. 부족한 원고에 대해 오랜 필드 경력의 무게감이 느껴지는 원고이며, 기존 도서들과 차별화가 가능하다는 격려를 받으면서, 집필의 의지를 더욱 공고히 하게 되었다.

과거를 거슬러 생각해보면, 학창 시절 물리학을 이해하도록 지도해주신 김필수 교수님을 비롯한 여러 교수님께도 감사를 드린다. 물리학의 기반이 있었기에 진공 기술을 깊이 이해할 수 있었던 것 같다.

내가 처음으로 진공 기술을 접할 수 있는 기회를 주신 LG전자 이항부 전문위원님, 일본 파견 시에 진공 장비와 진공 공정을 가르쳐주신 삼성디스플레이 김성철 사장님, 오랫동안 같이 동거동락을 했던 이루자의 유환규 부사장님, 문양식 전무님 그리고 김상진 전무님에게도 많은 도움을 받았다. 아바코 안병철 부사장님, 손정헌 상무님에게도 정말 많은 도움을 받았다. 그리고 인베니아 박관우 전무님께서도 많은 도움을 주셨다. 감사의 마음을 전한다.

OLED 장비 개발을 지원해주신 정수화 부사장님, 이영진 담당님, 박명주 담당님 그리고 지난 10년 동안 OLED 장비 개발을 위해 함께 했던 장철의 팀장님, 주재형 책임님, 하정민 팀장님, 이규환 책임님, 이용우 책임님, 김대일 책임님 등 여러 동료들에게도 감사하다는 말을 전하고 싶다.

이 책을 출판하는 데 씨아이알의 김성배 사장님은 너무나도 고마운 도움을 주신 분이며, 박영지 편집장과 최장미 님은 내 원고를 직접 편집해주신 분들이며 특별히 고마운 마음을 전하고 싶다.

나의 사랑하는 부모님과 아내 그리고 가족들에게도 깊은 사랑과 함께 감사의 말을 전한다.

:: 참고문헌

[1]   김현우 등 공저,『기초진공공학』, 내하출판사, 2007.

[2]   안일신 저,『진공물리 및 진공기술』, 한양대학교출판부, 1999.

[3]   일본진공협회관서지부 저,『알기쉬운 진공기술』, 황학인 역, 세화, 1994.

[4]   박찬 등 공저,『물리학의 세계』, 교학사, 2002.

[5]   주장헌 저,『진공기술 실무』, 홍릉과학출판사, 2004.

[6]   주장헌 저,『진공 이해하기』, 홍릉과학출판사, 2012.

[7]   Peter Atkins, Juilo de Paula, James Keeler 저,『물리화학』, 안운선 역, 교보문고, 2020.

[8]   Karl Jousten 저,『진공기술핸드북』, 홍승수 등 역, 청문각(교문사), 2014.

[9]   황보창권 저,『박막광학』, 미광(테크미디어), 2005.

[10]   성대진,「진공일반, 진공부품, 리크, 탈기체」, 표준연 진공센터, 2012.

[11]   안상렬,「진공기술 기본이론」, 한국진공학회, 2013.02.18.

[12]   주장헌,「Vacuum Technology Training」 성원에드워드 진공기술연구소, 2018.04.04.

[13]   CTI, CTI Vacuum Seminar, CTI, 1999.06.07.

[14]   후루야신지 외,「진공산업 Journal Vol.30」, 진공산업 Journal, 2017.06.

[15]   박종도 외, 2020년 제19회 진공기술강좌, 한국진공학회, 2020.02.09.

[16]   한국알박, 진공 기술 총람, 한국알박, 2005.06.14.

[17]   Hablanian, M, *High-Vacuum Technology* (A Practical Guide), MarcelDekker, 1997.

[18]   John F. O'Hanlon, *A User's Guide to Vacuum Technology*, John Wiley & Sons, 2003.

[19] Rozanov, L. N. (Leonid N.), Hablanian, M. H., *Vacuum Technique*, London ; New York : Tayor & Francis, 2002.

[20] Dorothy Hoffman, Bawa Singh, John Thomas, III, *Handbook of Vacuum Science and Technology*, Academic Press, 1997.

[21] A. Roth, *Vacuum Technology*, North Holland, 1990.

[22] Lafferty, J. M. (James Martin), *Foundations of vacuum science and technology*, New York : Wiley, 1998.

:: 찾아보기

:: 저자 소개

이제형

〈학력〉
- 서울 대광고등학교 졸업(1985년)
- 한양대학교 자연과학대학 물리학과 학사/석사 졸업(1991년)
- 현재 LG전자 생산기술원 책임연구원(1994년~)

〈경력〉
- LG전자/일본 Alps전기 합작법인 Frontec 차세대 LCD 장비 개발 파견연구원(1996년)
- 세계 최대 사이즈 PDP MgO 증착기 개발(2002년)
- 국내 최초 2세대 OLED 증착/Encapsulation 라인 개발(2005년)
- 세계 최초 8세대 OLED TV 증착/Encapsulation 라인 개발 LG전자 총괄 리더(2012~2015년)
- LG전자/LG Display OLED TV 개발 교환연구원(2012~2015년)

진공 기술 해석

초판 발행 | 2021년 5월 10일
초판 2쇄 | 2023년 9월 20일

저자 | 이제형
펴낸이 | 김성배
펴낸곳 | 도서출판 씨아이알

편집장 | 박영지
책임편집 | 최장미
디자인 | 윤지환, 김민영
제작책임 | 김문갑

등록번호 | 제2-3285호
등록일 | 2001년 3월 19일
주소 | (04626) 서울특별시 중구 필동로8길 43(예장동 1-151)
전화번호 | 02-2275-8603(대표)
팩스번호 | 02-2265-9394
홈페이지 | www.circom.co.kr

ISBN | 979-11-5610-958-7 (93560)
정가 | 18,000원